マンガでわかる Excel

漫畫圖解

上班族必學

Excel
文書處理術

七天輕鬆學會製作表格、數據、視覺化圖表，
工作效率倍增，無形提升競爭力

羽毛田睦土／監修　Akiba Sayaka／繪　LibroWorks／編著　許郁文／譯

目錄

DAY 1 ｜ Excel是工作上的超強幫手

DAY 2 ｜ 熟悉基礎操作，讓效率多三倍

好評推薦

「Excel 是職場中常用的軟體，本書運用漫畫的方式，帶領大家手把手的學習運用 Excel 完成工作所需的各式方法，內容簡單易懂，讓沒有經驗的人也能夠輕鬆上手。」

——資工心理人，「資工心理人的理財探吉筆記」版主

「你是否覺得 Excel 雖然重要，卻因為太過複雜，以至於提不起勁來學習？現在我想跟你說個好消息，本書就是你的福音！」

——鄭緯筌，「Vista 寫作陪伴計畫」主理人、
《經濟日報》專欄作家

「贊贊小屋的教學過程中，遇到滿多學員擔心自己 Excel 基礎不好。推薦這本書，看漫畫輕鬆學 Excel ！」

——贊贊小屋（李員興），
「會計人的 Excel 小教室」版主

前言　從土法煉鋼變身效率高手

只有工作表被刪除！

消滅魔法

Excel常用的按鍵

讓我們先了解Excel
常用的按鈕吧！

※ 不同的鍵盤有不同的按鈕配置。

魔術師

赫，讓我消除給你看！

OK!!

喂

控制

唉唷，這種工作表太黑心了！

本書的特色與使用方法

先透過漫畫「掌握概要」

本書會以漫畫＋說明的方式解說每個主題，透過漫畫掌握「職場上都是如何使用 Excel」的情境。本書的重點在於「輕鬆的閱讀」並介紹「能在職場上派上用場的內容」。

在說明頁面進一步「了解細節」

透過漫畫了解「職場上都是如何使用 Excel」的概念之後，接著就在說明頁面學習具體的操作方法。說明頁面會鉅細靡遺的解說操作方式，也會補充一些沒有在漫畫中介紹的內容。

利用範例「實踐」

在漫畫與說明頁面介紹的內容，只有動手做看看，才能真的學會。範例檔請依照「下載範例檔案」的說明下載。

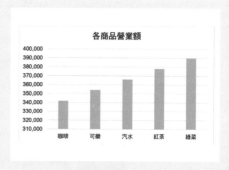

○ 下載範例檔案

本書讀者可以免費下載範例檔，請從下方網頁下載：

https://reurl.cc/4pjGOL

建議從電腦下載，查看範例檔案需要使用到 Excel 程式，如果在下載時遇到問題，可先查看你的瀏覽器版本是否為最新，或你的電腦是否有足夠的空間。

○ 本書支援版本

本書支援 Excel 2019、Microsoft 365 的 Excel。不過，有部分內容未支援所有版本，本書主要是以 Windows 版的 Excel 畫面解說，所以畫面有可能會因為你使用的 Excel 或作業系統版本而有所差異，還請多多諒解。

* 本書記載的公司名稱、商品名稱、產品名稱都是各公司的註冊商標，TM 商標均予以省略。
* 本書範例檔中的企業名稱與商品名稱皆為虛構，與實際的企業沒有任何關聯。

登場人物

羽毛田老師

官方認證的會計師與 Excel
講師。
不斷追求效率。
負責傳授有如魔法的「Excel
文書處理術」。

秋葉彩華

在廣告公司上班五年後,獨
立創業,成為插畫家。十幾
年來,都以「似懂非懂」
的態度面對 Excel。三十多
歲、育有一子。

電腦君

一起工作的電腦。
一邊讓所有人傷透腦筋,卻
又不斷幫助所有人。

Excel是
工作上的超強幫手

01. 擁有強大的計算功能

最大的優勢是數值的連動

　　Excel 是能「幫我們自動完成所有計算」的法寶。尤其是讓數值連動的功能，更是 Word 沒有的優點。

　　把 Excel 形容成「高階計算機」也不為過。

　　在儲存格輸入「數值」，再於其他儲存格輸入「算式」，Excel 就會自動幫忙計算與顯示結果。

　　變更輸入的「數值」，Excel 會幫我們將該數值套入算式，重新進行計算。就算是複雜的計算，也能正確地算出結果。

	A	B	C	D	E	F	G	H
1		咖啡	可樂	汽水	紅茶	綠菜		
2	(株)Travis	1,000	2,000	3,000	4,000			
3	(株)三協土木	6,000	7,000	8,000	9,000			
4	(株)西藏商事	11,000	12,000	13,000	14,000	15,000	65,000	
5	(株)東榮社	16,000	17,000	18,000	19,000	20,000	90,000	
6	(有)吉元住宅	21,000	22,000	23,000	24,000	25,000	115,000	
7	TOMA(有)	26,000	27,000	28,000	29,000	30,000	140,000	
8	光電舍(株)	31,000	32,000	33,000	34,000	35,000	165,000	
9	三真運輸(株)	36,000	37,000	38,000	39,000	40,000	190,000	
10	山久(株)	41,000	42,000	43,000	44,000	45,000	215,000	
11	上森工業(有)	46,000	47,000	48,000	49,000	50,000	240,000	
12	登川(有)	51,000	52,000	53,000	54,000	55,000	265,000	
13	並松(株)	56,000	57,000	58,000	59,000	60,000	290,000	
14	總計	342,000	354,000	366,000	378,000	390,000	1,830,000	
15								

❶ 變更這裡的數值

		C	D	E	F	G	H
		可樂	汽水	紅茶	綠菜	總	
2		2,000	3,000	4,000	5,000		
3		7,000	8,000	9,000	10,000		
4	(株)	13,500	13,000	14,000	15,00	66,500	
5	(株)東榮社	7,000	18,000	19,000	20,000	90,000	
6	(有)吉元住宅	22,000	23,000	24,000	25,000	115,000	
7	TOMA(有)	27,000	28,000	29,000	30,000	140,000	
8	光電舍(株)	32,000	33,000	34,000	35,000	165,000	
9	三真運輸(株)	37,000	38,000	39,000	40,000	190,000	
10	山久(株)	42,000	43,000	44,000	45,000	215,000	
11	上森工業(有)	47,000	48,000	49,000	50,000	240,000	
12	登川(有)	52,000	53,000	54,000	55,000	265,000	
13	並松(株)	7,000	58,000	59,000	60,000	290,000	
14	總計	355,500	366,000	378,000	390,00	1,831,500	

不用橡皮擦，計算也很正確

❷ 重新計算

進階分析也能馬上完成

　　Excel 可不只是幫忙計算的工具，它還能在很多情況下幫忙準備各類資料。

　　Excel 可快速製作簡單易懂的表格，還能根據該表格製作圖表。就算是「除了○○，還想知道每個客戶的業績」、「也想知道各商品的業績」這種突如其來的要求，也能立刻回應。

　　此外，「這季的業績與前一季比較的結果如何？」「成本要壓低多少，才能掌握營業利益？」這類**複雜的分析**也只需要**學會 Excel 的基本操作就能完成**。

圖表瞬間完成

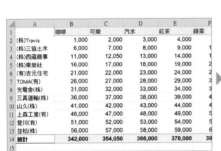

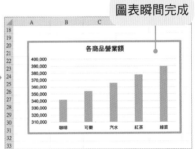

小提醒

Excel 的強項在於，不遜於專業分析軟體的計算功能，例如分析商品、交易對象重要度的占比分析也能快速完成。

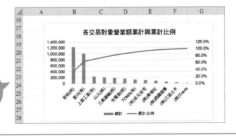

前兩間公司的
營業額就占了集團
的七成業績

02. 會議資料也能手到擒來

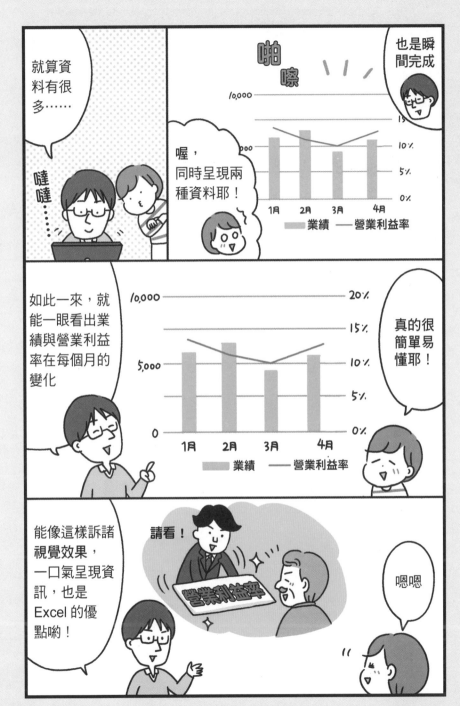

思考對方需求，製作不同資料

表格與圖表的優點在於，能以視覺效果呈現資訊，但也要隨著不同的對象調整呈現方式。

如果只是列出一堆數字與成績，實在很難讓別人清楚了解你想要傳遞的資訊。不管是開會還是做簡報，表格與圖表都是能幫助我們快速說明內容或說服對方的工具，而此時的重點在於「站在對方的立場，思考對方想知道什麼資料」，再製作表格與圖表。

舉例來說，越是高層的經營者，越需要營業利益率或毛利率這些經過整理的資料，但第一線的主管則需要知道更細節的資料，例如每位客戶或每項商品的營業額。

能讓會議更順利的表格或圖表

Excel 可快速做成簡單易懂的表格或圖表。只要掌握製作的祕訣，就能依照不同的狀況與需求製作表格與圖表。

Excel 可製作漂亮的表格，也可以用多個數列繪製複雜的圖表，而且操作都很簡單。

「DAY 5」會介紹製作表格的技巧，以及適用於不同用途的圖表，請大家務必了解有哪些表格與圖表，也要學會這些表格與圖表的繪製方法，才能應付不同狀況下的需求。

	A	B	C	D	E	F	G	H
1								
2			咖啡	可樂	汽水	紅茶	綠茶	總計
3		(株)Travis	937,200	484,440	317,715	644,280	319,275	2,702,910
4		(株)三協土木	346,840	54,180		144,130	393,420	938,570
5		(株)西藏商事	65,780					65,780
6		(株)東榮社	119,600		52,920	203,770		376,290
7		(有)吉元住宅	59,800	104,490		164,010		328,300
8		TOMA(有)	173,420	42,570		218,680		434,670
9		光電舍(株)	502,320	116,100	45,360	462,210		1,125,990
10		三真運輸(株)	1,533,600	227,540	459,520	292,640	378,400	2,891,700
11		山久(株)	460,460	228,330	105,840	168,980	263,940	1,227,550
12		上森工業(有)			90,720			90,720
13		登川(有)	167,440		94,500		79,680	341,620
14		並松(株)	191,360	54,180	113,400	134,190	124,500	617,630
15		總計	4,557,820	1,311,830	1,279,975	2,432,890	1,559,215	11,141,730

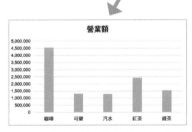

這是大家都看過的直條圖，也是利用Excel的資料繪製出來的。
可用於比較「量」的時候使用。

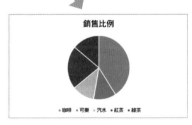

這是常見的圓形圖。
可用於了解「比例」的時候使用。

利用範本提升例行公事的效率

日誌、報價單、請款單，這些常用的文件每次都重頭製作嗎？學會利用 Excel 製作範本的技巧後，就能省掉這些麻煩事。

在公司常會需要製作相同格式的文件，但如果每次都重頭製作，絕對很浪費時間。

如果能將常用的文件製作成「範本」，之後就能以複製內容的方式重複使用。如果能在範本輸入常用的算式，就能大幅縮短輸入資料的時間。

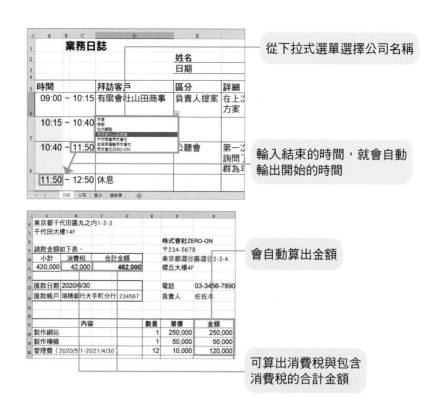

從下拉式選單選擇公司名稱

輸入結束的時間，就會自動輸出開始的時間

會自動算出金額

可算出消費稅與包含消費稅的合計金額

範本可一再複製使用

刪除內容再重新輸入是件很麻煩的事，而且也很容易輸入錯誤。製作範本之後，就能一再複製使用。

Excel 的複製功能分成「複製工作表」與「複製活頁簿」，可依需求選擇。

建立工作表的複本

在範本的工作表名稱按下滑鼠右鍵，選擇「移動或複製」。

勾選「建立複本」再點選「確定」，就能將內容複製到新的工作表。也可以選擇要插入哪個活頁簿。

製作活頁簿的複本

點選範本的活頁簿，按下 Ctrl + C 複製。

按下 Ctrl + V 貼上，就能複製內容相同的新活頁簿檔案

04. 建立資料庫，快速分析資料

建立原始資料庫

　　依照客戶分類的業績清單、各地區的會員表……。要製作這些表格就要從建立資料庫開始。

　　根據不同的用途製作表格時，絕對少不了「原始資料」（資料庫）。製作資料庫的時候，請大家務必遵守「1 列輸入 1 筆紀錄」這個原則，讓每筆紀錄分成不同列。

　　在處理各類使用 Excel 完成的業務時，若能記住「從預先製作的資料庫篩選出需要的資料」這個流程，就能提升業務的效率。資料庫的製作方式與注意事項將在「DAY 4」解說。

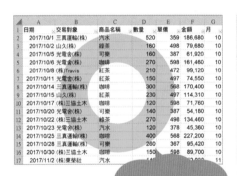

先建立資料庫

像是以電子計算機般輸入資料

小提醒

不要劈頭就「製作彙總表」，還是要記得先建立資料庫，再從中篩選出需要的資料，完成需要的彙總表。

製作用於分析的資料

如果只是把資料塞進資料庫，那不過是一堆沒有意義的資料而已。讓我們利用 Excel 的功能，將資料整理成能用於分析的格式吧！

一旦資料庫的格式正確，Excel 就完成了九成的工作，剩下的就是對 Excel 下達「想要哪些資訊」的命令而已。

比方說，可使用「函數」製作「各類商品營業額」的表格，還能自動產生「各客戶、各種商品的營業額總和表」這類複雜的表格。

要使用「表格分析」就要盡可能縮短「製作表格」的時間，這也是利用 Excel 提升工作效率的祕訣。

利用篩選功能篩選出「特定客戶」的「特定商品」的訂購數量。如果訂購的數量正在減少，要不要試著賣其他商品呢？

利用SUMIFS函數計算「特定交易對象」的「營業額」總和。這位交易對象的下一季目標營業額該設多高呢？

小提醒

本書為了方便說明，會以下列的方式代換名稱：
- 功能區（位於 Excel 上方，有很多按鈕的區塊）→選單
- 對話框（於操作過程顯示的小畫面）→視窗

篩選出營業額之後，根據這張表格製作資料，再利用IF函數判斷本季是否達成目標營業額。試著思考達成目標所需的因素。

熟悉基礎操作，
讓效率多三倍

05. 養成隨時存檔的習慣

隨時存檔

　　若不想辛苦輸入的資料瞬間化為泡沫,就養成隨時存檔的習慣吧。

點選按鈕存檔

❶ 點選Excel快速存取工具列左側的「儲存檔案」按鈕

① 點選這裡

小提醒

如果檔案未曾儲存過,就會開啟「儲存此檔案」對話框,可在輸入檔案名稱後,進行存檔。

利用快速鍵存檔

　　想存檔的時候,按下 Ctrl + S 即可儲存檔案。建議大家在作業每告一段落時就要存檔,以防萬一。

設定自動儲存

有時候太過專心輸入資料，容易不小心沒存檔就關掉檔案！電腦也有可能突然當機！建議大家設定自動儲存功能，解決上述的問題。

設定自動回復資訊

1. 點選選單列的「檔案」，再從左側的選單點選「選項」
2. 從左側的選單欄點選「儲存」
3. 勾選「儲存自動回復資訊時間間隔」
4. 點選右側按鈕的箭頭，設定儲存時間的間隔
5. 點選「確定」

小提醒

「自動回復資訊」可在忘了存檔或是 Excel 突然當掉的時候，讓剛剛輸入的資料復活。
雖然這是很實用的功能，但還是不要過於依賴這項功能，利用前頁介紹的方法隨時儲存檔案吧。

06. 高效率滑鼠游標操作術

利用鍵盤在儲存格上快速移動

「要處理的資料一多，連選取資料都很花時間……」
這類的 Excel 麻煩可用鍵盤操作快速解決。

選取儲存格的方法

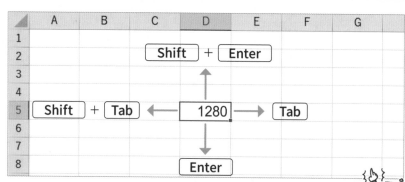

用 Tab 鍵向右移動／ Shift + Tab 鍵向左移動

用 Enter 鍵向下移動／ Shift + Enter 鍵向上移動

小提醒

使用方向鍵也能選取不同的儲存格。建議
大家選擇適合自己的方式選取儲存格。

一邊移動，一邊快速選取儲存格的方法 ①

1. 一邊以 [Tab] 鍵移動至右邊的儲存格，一邊輸入資料
2. 輸入到最後一列的時候，按下 [Enter] 鍵
3. 移動到下一列，從一開始輸入的同一欄開始輸入

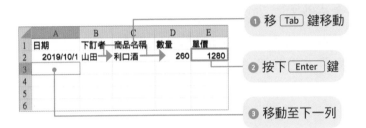

① 移 [Tab] 鍵移動
② 按下 [Enter] 鍵
③ 移動至下一列

一邊移動，一邊快速選取儲存格的方法 ②

1. 先選取要輸入資料的範圍
2. 一邊以 [Tab] 鍵移動到右邊的儲存格，一邊輸入資料
3. 輸入到最後一欄，按下 [Tab] 鍵
4. 移動到選取範圍的下一個儲存格（下一列的開頭）

*這時若按下 [Enter] 鍵會移動到正下方的儲存格

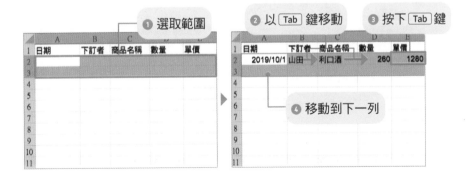

① 選取範圍
② 以 [Tab] 鍵移動
③ 按下 [Tab] 鍵
④ 移動到下一列

連修正文字都可以利用快速鍵

比起利用滑鼠雙點文字，再修正文字，切換成「編輯模式」可能更快速修正文字。

在儲存格輸入文字時，因為想修正前方的文字而按下 ⬅ 鍵，結果移動到左邊的儲存格……不知道大家有沒有這類的經驗呢？

Excel 有「輸入模式」與「編輯模式」，而方向鍵在這兩種模式下的功能是不同的。

在輸入模式按下方向鍵，會移動選取儲存格，但在編輯模式按下方向鍵，可讓滑鼠游標在儲存格的文字內移動。如果是輸入模式，Excel 畫面的左下角會顯示「輸入」。

從輸入模式切換成編輯模式

1. 選取要切換成編輯模式的儲存格再按下 F2 鍵
2. 滑鼠游標可於儲存格內移動
3. 再按一次 F2 鍵，切換回輸入模式

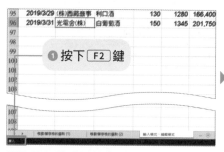

選取要切換成編輯模式的儲存格再按下 F2 鍵（或是雙點儲存格）。

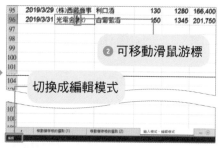

切換成編輯模式之後，即可移動滑鼠游標。再按一次 F2 鍵，就能切換回輸入模式。

使用方向鍵更方便

鍵盤的方向鍵可以取代滑鼠，完成移動到上下左右的儲存格，或是選取多個儲存格這類的操作。

一口氣移動到表格的邊緣

	A	B	C	D	E	F	G	H
1	日期	交易對象	商品名稱	數量	單價	金額		
2	2019/2/2	三真運輸(株)	玫瑰紅	Ctrl + ↑	1483	860,140		
3	2019/2/5	(株)西藏商事	紅茶	120	497	59,640		
4	2019/2/6	東馬(有)	啤酒	150	1264	189,600		
5	2019/2/7	三真運輸(株)	蘭姆酒	460	972	447,120		
6	2019/2/8	光電舍(株)	玫瑰紅	300	1562	468,600		
7	2019/2 Ctrl + ← 宅		玫瑰紅	Ctrl + →		406,120		
8	2019/2/12	山久(株)	綠茶	160	498	79,680		
9	2019/2/13	上森工業(有)	利口酒	120	1280	153,600		
10	2019/2/16	山久(株)	龍舌蘭	100	1620	162,000		
11	2019/2/17	三真運輸(株)	咖啡	Ctrl + ↓	568	113,600		

一口氣選取到表格的邊緣

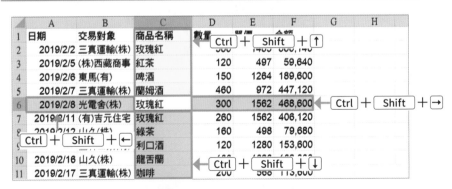

	A	B	C	D	E	F	G	H
1	日期	交易對象	商品名稱	數量	單價	金額		
2	2019/2/2	三真運輸(株)	玫瑰紅	300 Ctrl + Shift + ↑	1483	860,140		
3	2019/2/5	(株)西藏商事	紅茶	120	497	59,640		
4	2019/2/6	東馬(有)	啤酒	150	1264	189,600		
5	2019/2/7	三真運輸(株)	蘭姆酒	460	972	447,120		
6	2019/2/8	光電舍(株)	玫瑰紅	300	1562	468,600 Ctrl + Shift + →		
7	2019/2/11	(有)吉元住宅	玫瑰紅	260	1562	406,120		
8	2019/2/12 山久(株)		綠茶	160	498	79,680		
9	Ctrl + Shift + ←		利口酒	120	1280	153,600		
10	2019/2/16	山久(株)	龍舌蘭	Ctrl + Shift + ↓				
11	2019/2/17	三真運輸(株)	咖啡	200	568	113,600		

小提醒

Shift ＋方向鍵可逐次選取相鄰的儲存格。

一口氣輸入相同的內容

若需要在多個儲存格輸入相同的內容，不需要不斷複製與貼上內容，只需要利用鍵盤一口氣輸入。

先選取多個儲存格再輸入

1 選取要輸入資料的儲存格範圍
2 在第一個選取的儲存格輸入資料
3 按下 Ctrl + Enter 鍵，就能一口氣輸入相同的內容

＊假設在步驟❷輸入了公式，其他的儲存格則會以 Day 4 相對參照的方式輸入資料

在不連續的儲存格同時輸入資料

1 按住 Ctrl 鍵，再以滑鼠左鍵選取要輸入資料的儲存格
2 在最後選取的儲存格輸入資料
3 按住 Ctrl + Enter 鍵，就能一口氣輸入相同的內容

＊假設在步驟❷輸入了公式，其他的儲存格會以 Day 4 相對參照的方式輸入資料

輸入具有連續性的資料

「一、二、三……」「5月1日、5月2日……」這類具
連續性的資料可利用「自動完成」功能快速輸入。

利用自動完成功能，輕鬆輸入連續性資料

1 輸入連續資料的起始值，再選取該儲存格
2 將滑鼠游標移動到儲存格右下角的「■」，就會發現滑鼠
游標變成「+」
3 按住滑鼠左鍵，再往上下左右（想複製資料的方向）拖曳
4 會自動輸入連續資料

＊如果資料不具規律性，就會複製相同的內容

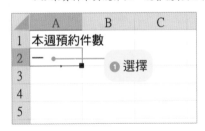

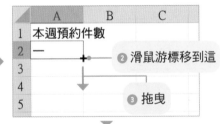

小提醒

假設在開頭的兩個儲存格輸入
「2008 年、2012 年」這種隔
四年的西元年，以及選取這兩個
儲存格，Excel 就會根據資料的
規律性自動輸入連續的資料。

07. 一定要學會的快速鍵

記住必學的快速鍵

學會快速鍵之後,工作效率會快 2 至 3 倍,而且這些快速鍵都很常使用,請大家務必記起來喔。

重做

還原　剪下　取消 [Z] 鍵的還原

複製　貼上

鏘鏘!

- 複製 …………………………………… [Ctrl] + [C]
- 貼上 …………………………………… [Ctrl] + [V]
- 剪下 …………………………………… [Ctrl] + [X]
- 還原 …………………………………… [Ctrl] + [Z]
- 重做(取消「還原」)………… [Ctrl] + [Y]

小提醒

Excel 常需要複製或貼上公式,在複製輸入了公式的儲存格,再立刻貼入儲存格範圍,就能將公式貼在該儲存格範圍之內。

貼入公式後,會重新計算

	E	F	G
	單價	金額	
	1280	332,800	❶ 複製
	1264	240,160	
	359	107,700	❷ 選取範圍
	890	115,700	＋貼上

增刪儲存格、欄列，也能用快速鍵

　　除了基本快速鍵，還有能刪除與新增儲存格、欄列的快速鍵。

刪除與新增儲存格

① 選取要刪除的儲存格，再按下 Ctrl ＋ ─ 鍵
　＊要新增就按下 Ctrl ＋ ＋
② 選取要從哪個方向填補位置
③ 點選「確定」
④ 儲存格刪除，往剛剛指定的方向填空

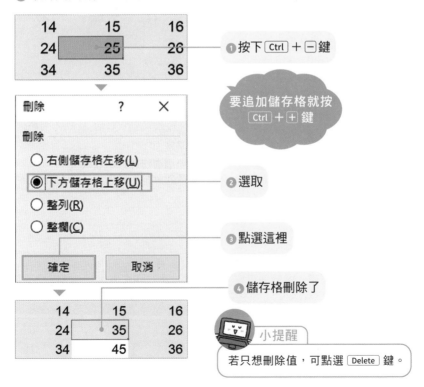

小提醒

若只想刪除值，可點選 Delete 鍵。

刪除與新增欄列

① 選取要刪除的欄格

② 按下 ⌨Ctrl + ⌨─ 鍵

　　＊若要新增可按下 ⌨Ctrl + ⌨＋ 鍵

③ 欄會被刪除，右邊的資料會往左填滿

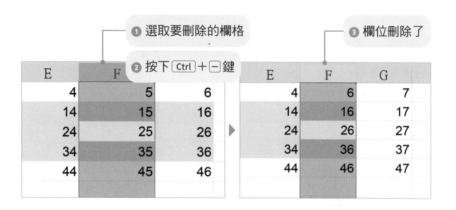

其他方便好用的快速鍵

開啟儲存格格式設定的 ⌨Ctrl + ⌨1 鍵可在調整格式或套用框線的時候使用。

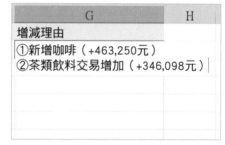

儲存格內換行請按 ⌨Alt + ⌨Enter ，例如輸入文章或用於其他用途時非常方便。

快速鍵的祕訣

接著為大家介紹活用快速鍵的奧義。請大家參考下圖的方式練習，直到熟練為止。

祕訣① 基本上只使用左手

Ctrl 、 Shift 、 Alt 這些功能鍵與搭配的英文字母按鍵都集中在左手這邊，所以若只能利用**左手按下快速鍵，右手就能空出來操作滑鼠或是寫筆記**。

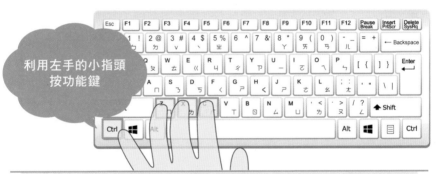

利用左手的小指頭按功能鍵

祕訣② 練到不假思索的地步

為了把注意力放在需要思考的事情上面，就要練到能不假思索地按下快速鍵。大家可參考下列的祕訣，快速記住快速鍵。

1 從常用的開始記
2 進行文書作業時，不斷地使用相同的快速鍵，養成肌肉記憶
3 連續使用一週，自然而然就會習慣

小提醒

如果練了很久都記不住的話，代表該快速鍵不是那麼常用。

08. 解決問題的 Esc 鍵

接著要教的是輕鬆無負擔的 Excel 操作法！有沒有覺得 Excel 輸入文字很麻煩？

有啊！有啊！

這些都很煩人啊！

隨便轉換成符號

輸入 (c) 變成 ⓒ 的符號

輸入 URL 就自己變成超連結……

https://abc.co
↓
https://abc.co

蛤！

隨便引用之前的資料

在這裡輸入「山田」就變成這樣

| 山田水產 |
| △○×○○ |
| 山田水產 |

真的很雞婆耶！

不再幫忙修正內容
（關掉自動校正功能）

點選檔案 → 選項 → 校訂 → 自動校正選項 →
「自動校正」索引標籤，取消「顯示『自動校正選項』」按鈕

那就關掉這些雞婆的功能吧！

禁止字串變成超連結
（關閉「網際網路與網路路徑連結」功能）

點選檔案 → 選項 → 校訂 → 自動校正選項 →
「輸入時自動套用格式」索引標籤，取消「網際網路與網路路徑連結」選項

不根據之前的資料轉換
（關閉「啟用儲存格值的自動完成功能」）

點選檔案 → 選項 → 進階 →
再取消「啟用儲存格值的自動完成功能」選項

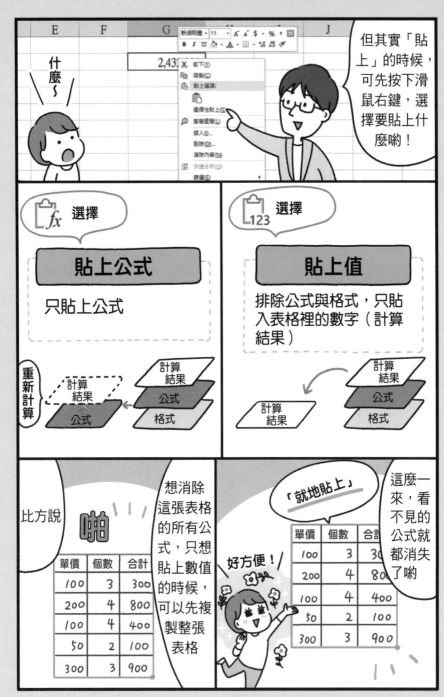

捲動畫面，也能隨時看到標題

放在第 1 列或第 1 欄的標題，常常一捲動畫面就不見了。為了能隨時看到這些標題，讓我們固定列與欄的位置吧！

固定列與欄，隨時參照標題

1. 要固定列或欄的時候，先選取緊鄰該列或該欄的下一列或下一欄的儲存格
2. 點選選單列的「檢視」，再點選「凍結窗格」按鈕→「凍結窗格」
3. 如此一來，列與欄就會固定，捲動畫面也能隨時看到標題

想固定第1列與第1欄

❶ 選取這格

❷ 點選這裡

小提醒

固定列／欄會以選取的儲存格的左上角為基準點。記得在選取儲存格的時候，要以左上角為基準點喲。

	A	B
1	日期	交易對象編號
2	2017/10/1	A004
3	2017/10/2	A082
4	2017/10/5	A012

❸ 列與欄固定了

固定的列與欄
會以線條區分

小提醒

想要運用這個功能就要在製作表格的時候，將標題這類需要常駐於畫面的資訊放在表格的第 1 列（上方）或第 1 欄（左端）。
此外，「合計」的儲存格通常會放在表格的下緣，但其實也可以放在上方，以便隨時確認合計。

	F	G	H	I	J
		金額合計	11,141,730		
再	數量	單價	金額		
	520	359	186,680		
	160	498	79,680		
	160	387	61,920		

解除列、欄的固定

❶ 點選選單列的「檢視」，再點選「凍結窗格」
❷ 點選「取消凍結窗格」

❶ 點選這裡

❷ 點選這裡

DAY 2 熟悉基礎操作，讓效率多三倍

關閉多餘的校正功能

　　Excel 內建了許多方便好用的功能，但有些功能讓人覺得很雞婆。讓我們了解 Excel 的特性，再關掉多餘的功能吧！

關掉自動校正

　　「自動校正」是自動校正錯誤的內容或特定輸入模式的功能。明明想輸入（a）、（b）、（c），（c）卻變成 ©，這全是自動校正這個功能在作祟。這其實是輸入英文才需要的功能，輸入中文很少使用這項功能。

1 點選選單列的「檔案」

2 點選左側選單的「選項」

3 「Excel選項」視窗開啟後，點選左側選單的「校訂」

4 點選「自動校正選項」裡的「自動校正選項」按鈕

5 「自動校正」視窗開啟後，取消勾選「自動校正」索引標裡的「自動取代字串」

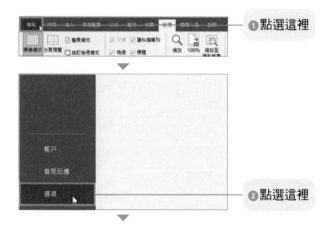

➊點選這裡

➋點選這裡

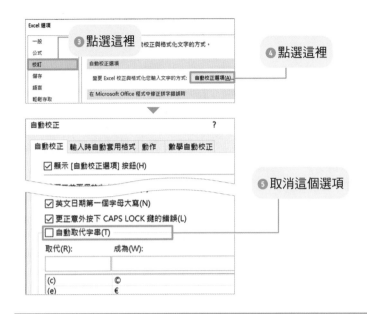

關閉自動套用格式

　　Excel 內建的「自動套用格式」功能會自動對輸入的字串套用適當的格式,這項功能也會自動將網址設定為超連結。

① 利用前述的方法開啟「自動校正」視窗,再點選「輸入時自動套用格式」索引標籤

② 取消勾選「網際網路與網路路徑超連結」選項

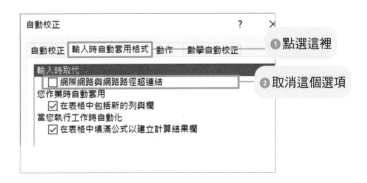

取消自動完成功能

　　Excel內建的「自動完成功能」可在我們輸入前幾個文字時，就根據前面輸入的內容或字串，自動幫我們顯示或接續後面的字串。

① 利用前述的方法開啟「Excel選項」視窗後，再從左側點選「進階」

② 取消勾選「編輯選項」裡的「啟用儲存格值的自動完成功能」，再點選「確定」

按下 Esc 鍵取消

① 當「自動完成功能」顯示預選字串時，按下 Enter 鍵可輸入該候選字串，按下 Esc 鍵可隱藏該候選字串。

② 「自動完成功能」取消了。

＊ Esc 鍵也可以用來取消正在輸入的文字

選用不同的「貼上」種類

　　這節要了解各種「貼上」方式。懂得視情況選用不同的方式貼上資料，就能更流暢地輸入資料。

　　明明只想複製值，卻複製了整個儲存格的話，一將值貼到其他的儲存格，就會連同公式與設定的框線或其他的樣式全部貼上，這可不是我們想看到的結果。

　　所以請使用「選擇性貼上」功能，選擇「貼上」的方式。

可利用一般的方式複製的資料

	C	D	E	F	G
	數量	單價	金額		
	160	598	95,680		
	315	359			
	520	568			
	220	497			

「公式」：「=C2*D2」

「格式」：框線、字型、儲存格的背景色

按下 Ctrl + C 複製儲存格，會連同公式與格式一併複製。

	C	D	E	F	G
	數量	單價	金額		
	160	598	95,680		
	315	359	113,085		
	520	568		(Ctrl) ▾	
	220	497			

按下 Ctrl + V 鍵就會連同公式與格式一併貼上，還會顯示公式的計算結果。

只貼上看得到的值

① 按下 Ctrl + C 鍵複製儲存格之後，選取要貼上資料的儲存格

② 按下滑鼠右鍵，點選「選擇性貼上」的「值」

③ 只貼上值（計算結果）

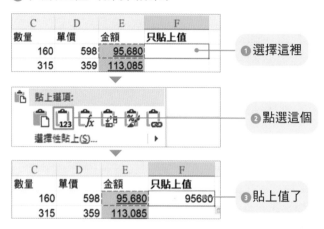

➡ ❶ 選擇這裡

➡ ❷ 點選這個

➡ ❸ 貼上值了

其他的貼上方式

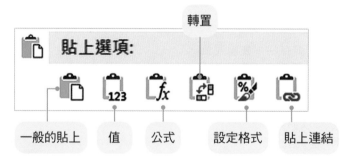

轉置

一般的貼上　　值　　公式　　設定格式　　貼上連結

小提醒

若點選「貼上公式」，該公式就會根據貼上之後的儲存格位置重新計算。「貼上連結」的方式可從其他的工作表或活頁簿貼入資料。一旦複製來源的資料有所變動，貼上的資料也會跟著改變。

方便的全選快速鍵

　　有時候會需要選取整張表格，有時候也會需要剪下整張表格，此時若按住滑鼠左鍵，再往下捲動畫面，畫面就會快速捲動，完全選取不了需要的儲存格範圍。建議大家這時候改以 [Ctrl] ＋ [A] 這個快速鍵，快速選取整張表格。

先選取表格裡的某個儲存格

❶ 按下 [Ctrl] ＋ [A]

再按一次就會選取整張工作表

❷ 選取整張表格了

小提醒

選取儲存格之後，畫面右下角的狀態列會顯示該儲存格範圍的各種資料。比方說，會顯示該儲存格範圍的平均值或合計，而且不需要另行計算。在狀態列按下滑鼠右鍵，還能設定要顯示的項目。

平均值: 708,970　項目個數: 27　加總: 12,052,491

09. 保護檔案，預防變更

禁止更新工作表

　　要讓別人使用範本，或是要將輸入完成的檔案寄給別人的時候，往往不希望工作表的內容被修改，此時可利用下列的方式保護工作表。

保護工作表

❶ 選取可編輯的儲存格範圍

❷ 按下 Ctrl + 1 鍵，開啟「設定儲存格格式」視窗（也可按下滑鼠右鍵，從選單開啟）。點選「保護」索引標籤

❸ 取消「鎖定」選項再按下「確定」

❹ 點選選單列的「校閱」，再點選「保護工作表」

❺ 設定可執行的動作再按下「確定」

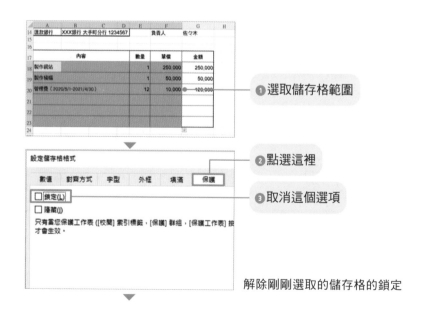

❶ 選取儲存格範圍

❷ 點選這裡

❸ 取消這個選項

解除剛剛選取的儲存格的鎖定

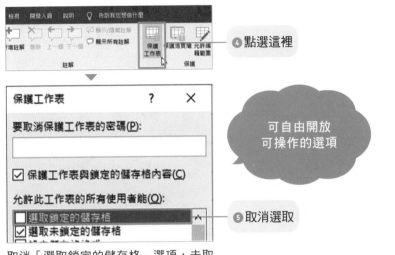

④ 點選這裡

⑤ 取消選取

可自由開放
可操作的選項

取消「選取鎖定的儲存格」選項，未取消鎖定的儲存格就會被保護，連選取都會被禁止。

小提醒

要解除鎖定時，可點選「取消保護工作表」按鈕，這個按鈕就位於 ④ 的「保護工作表」按鈕的位置。此外，誰都可以取消保護工作表的設定。雖然可在「保護工作表」視窗輸入密碼，但要破解也不是那麼難，所以還是不要太依賴這項功能。

將工作表轉存成 PDF

① 點選選單列的「檔案」，再從左側選單點選「匯出」

② 點選「建立 PDF / XPS」按鈕

① 點選這裡

② 點選這裡

建立 PDF/XPS

輕鬆彙整、篩選、
修正資料

10. 依資料種類調整顯示格式

自動判斷資料種類與調整顯示格式

輸入的內容	判斷	顯示
甲乙丙	辨識為字串（連續的文字）	不做任何調整（靠左對齊） 甲乙丙
123 1,234 (1)	辨識為數值	以數值的方式顯示（靠右對齊） 123
2019/1/31 1/2 1:2	辨識為日期或時間	以日期、時間的方式顯示（靠右對齊） 2019/1/31 1月2日 1:02
開頭為「=」	辨識為公式	

不能用於計算的資料

可用於計算的資料

所以才會那樣……

1/2 一定是日期喔

在歐美地區，（ ）是「－」（負數）的意思喲

有些看起來很像是數值，有些看起來很像是日期，所以 Excel 的判斷不一定會與輸入資料的人一樣喲

為了避免這點，可先將儲存格的格式設定為「字串」

先設定成
儲存格格式
↓
類別
↓
文字

or

在輸入文字之前，先輸入「'」就能輸入字串喲

'1/2

成功了！這樣輸入內容就簡單多了！

輸入後，若 Excel 覺得「這是日期」，就會自動轉換成這個格式喲！

顯示格式只是外觀或裝飾，真正用於計算的是記錄的這個值……

若不先了解這個概念，後面操作上就會遇到很多麻煩

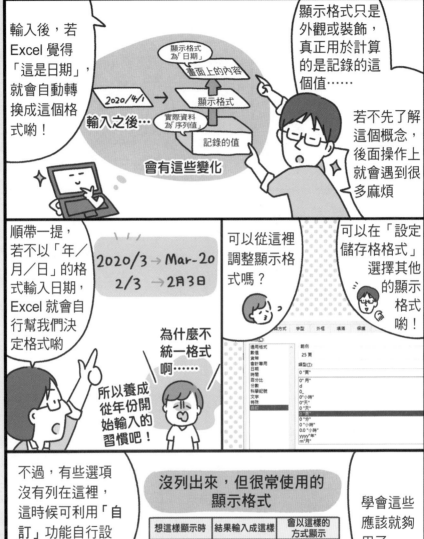

顯示格式為「日期」

畫面上的內容

2020/4/1 →

輸入之後…

顯示格式

實際資料為「序列值」

記錄的值

會有這些變化

順帶一提，若不以「年／月／日」的格式輸入日期，Excel 就會自行幫我們決定格式喲

2020/3 → Mar-20
2/3 → 2月3日

為什麼不統一格式啊……

所以養成從年份開始輸入的習慣吧！

可以從這裡調整顯示格式嗎？

可以在「設定儲存格格式」選擇其他的顯示格式喲！

不過，有些選項沒有列在這裡，這時候可利用「自訂」功能自行設定格式喲！

沒列出來，但很常使用的顯示格式

想這樣顯示時	結果輸入成這樣	會以這樣的方式顯示
年 / 月	yyyy/m	2020/4
星期（短）	aaa	週三
星期（長）	aaaa	星期三
星期（英文短）	ddd	Wed
星期（英文長）	dddd	Wednesday

學會這些應該就夠用了

錯誤的資料庫格式

我常犯這種錯……

✖一開始先製作彙整表

業績合計

	△△（株）	▢ロ服務
10月	6,332	1,990
11月	3,630	9,321
12月	3,700	2,150

✖1 筆資料橫跨多列

NO.	交易對象編碼 商品編碼	交易對象姓名 商品名稱
1	A001 11	△△（株） 汽水

✖將每個月的資料分成不同的工作表

1月	2月	3月

✖與上方的值相同時，就不輸入資料或合併儲存格

2020/10/1	△△（株）	汽水
	▢ロ服務	可樂
	○✕ Battle	可樂
	▢○飲料	咖啡
2020/11/1	△△（株）	咖啡
	▢ロ服務	汽水
	○✕ Battle	果汁
	▢○飲料	可樂
	△△（株）	咖啡

不行的啦～

明明很酷不是嗎？這樣不行嗎？

只要學會這邊，工作效率就會提升

而且不用學會 Excel 的進階技巧，也能輕鬆彙整資料！

Excel 有九成是原始資料！

跟著我念一次！

Excel 有九成是原始資料！

了解！

認識顯示格式

下面接著說明 Excel 處理資料的三個基本重點。第一個是「顯示格式」。

Excel 會依照儲存格的內容調整資料的格式（外觀），這就是所謂的「顯示格式」。

由於 Excel 會自動調整顯示格式，所以有些內容會轉換成不是我們想要的顯示格式。比方說，輸入分數的「2/3」，卻被轉換成日期的「2 月 3 日」，應該有不少人都有過類似的經驗吧？只要了解自動調整的原理，就會覺得「顯示格式」是一項很方便的功能，但不需要「轉換」的時候，就會覺得這項功能很麻煩。

不想轉換的時候，可先將顯示格式設定為「字串」或是先輸入「'」（單引號）再輸入文字。

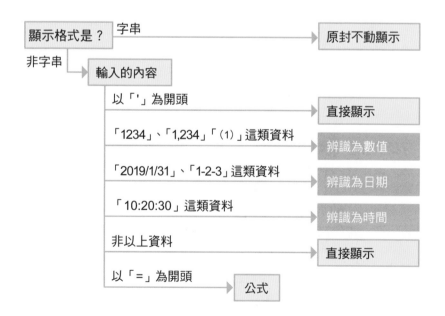

顯示格式是？ —— 字串 ⟶ 原封不動顯示

非字串 —— 輸入的內容

以「'」為開頭 ⟶ 直接顯示

「1234」、「1,234」「(1)」這類資料 ⟶ 辨識為數值

「2019/1/31」、「1-2-3」這類資料 ⟶ 辨識為日期

「10:20:30」這類資料 ⟶ 辨識為時間

非以上資料 ⟶ 直接顯示

以「=」為開頭 ⟶ 公式

Excel 自動判斷的例子

輸入的內容	判斷	顯示
甲乙丙	字串（連續的文字）	甲乙丙
123	數值	123
123.4		123.4
(1)		-1
2020/10/1	日期或時間	2020/10/1
1/2		1月2日
15:2		15:02
=SUM(H1:H10)	公式	55

小提醒

日期根據輸入的內容不同，顯示格式也會不同。因此，為了避免麻煩，也可以統一輸入「yyyy/mm/dd」。

直接顯示輸入的值

1. 在輸入值之前按下 Ctrl + 1 鍵，開啟「設定儲存格格式」對話框（也可以按下滑鼠右鍵，從選單開啟）

2. 從「數值」索引標籤的「類別」點選「文字」，再點選「確定」

3. 輸入的值會轉換成字串，直接原封不動顯示

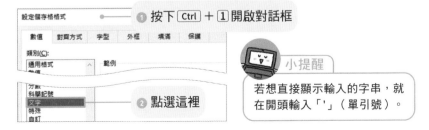

1 按下 Ctrl + 1 開啟對話框

2 點選這裡

小提醒

若想直接顯示輸入的字串，就在開頭輸入「'」（單引號）。

認識有「記錄的值」

　　不管是日期還是時間，Excel 於內部記錄的「序列值」和「螢幕上的值」有可能不同，在此為大家解說自訂顯示格式的方法。

　　在 Excel 輸入日期或時間，Excel 內部會以「序列值」的格式記錄，螢幕上則是以「日期」或「時間」的格式顯示。Excel 之所以利用「序列值」管理數值，是為了計算日期與時間，換言之，日期與時間同時擁有「螢幕上的值」與「內部記錄的值」。

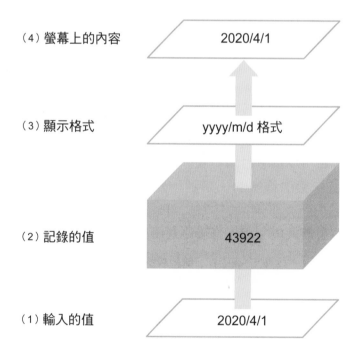

(4) 螢幕上的內容　　2020/4/1

(3) 顯示格式　　yyyy/m/d 格式

(2) 記錄的值　　43922

(1) 輸入的值　　2020/4/1

序列值是怎麼決定的？

日期的序列值是以「1900/1/1」為「1」，再替後面的每一天標記編號。

時間的序列值是以 1 天（24 小時）為「1」的比例。

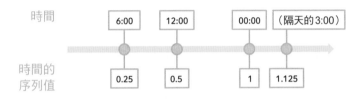

用於計算的是序列值

日期與時間都可利用加法或減法計算。Excel 將 1 天當成「1」，所以三天之後的日期就是「+3」，6 小時之後的時間就是「+0.25」。

EXCEL的內部會當成「43936+28」計算。

計算結果的「43964」會轉換成「2020/5/13」。

小提醒

假設沒有將顯示格式設定為字串就輸入「1-2」，就會轉換成「1月2日」這種日期顯示，而且基本上不會轉換回「1-2」，因為一旦轉換成序列值，原本輸入的值就消失了。建議大家在輸入字串之前，先替儲存格設定顯示格式，或是先輸入「'」再開始輸入。

自訂顯示格式

① 利用前述方法開啟「設定儲存格格式」的對話框。從「數值」的「類別」中點選「自訂」

② 點選「類型」方塊，輸入需要的格式再按下「確定」

③ 依照設定的顯示格式顯示

① 點選這裡　　　　　② 在這裡輸入

想要的顯示格式	顯示格式的編碼	實際的顯示結果
年／月	yyyy/m	2020/5
簡短的星期幾	aaa	週三
完整的星期幾	aaaa	星期三
簡短的英文星期幾	ddd	Wed
完整的英文星期幾	dddd	Wednesday
年／月／日（簡短的星期幾）	yyyy/m/d(aaa)	2020/5/13（週三）
逗號	#,##0	123,456,789
以千為單位四捨五入	#,##0,	123,457
以百萬為單位四捨五入	#,##0,,	123

建立資料庫的方法

要利用 Excel 正確分析資料,就必須學會建立資料庫的方法。接下來就為大家介紹資料庫的正確格式吧。

資料庫的正確格式

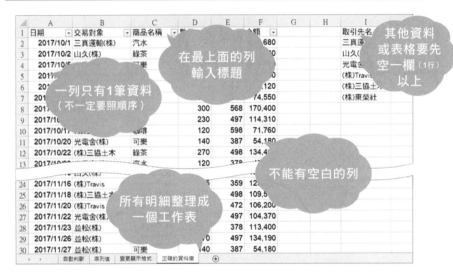

NG 的資料庫

NG內容	原因
劈頭就製作表格	不能以其他的角度統計
將每個項目分成不同的工作表	無法辨識為單一的資料庫
1筆資料橫跨多列	第2列之後的資料無法辨識為同一筆資料
隨便合併儲存格	無法辨識第2列之後的資料
出現空白列	空白列之後的資料會被辨識為另一張表格

11. 設定篩選資料的條件

接著就讓我們實際來使用資料庫吧！

一開始要先使用「篩選」功能喲！

是這個符號對吧？

資料 ➡ 篩選

從選單點選「資料」再點選「篩選」

就會顯示三角符號喲

點選這裡就能選取想顯示的項目

假設只選了「(株)Travis」……

只篩選出(株)Travis的資料耶！

還可以設定多個篩選條件喲！

這樣就會找出符合所有條件的資料！

只挑出「(株)Travis」的「可樂」！

順便說一下，也可以縮小篩選範圍哦！

詳見解說畫面！

只有 10 月份的銷售額

只有從 A 開始的客戶代碼

只有價格高出 100 日元的東西

!! 一真方便！

哇！

利用篩選功能，顯示正確資料

接著從資料庫篩選出需要的資料吧。只要使用「篩選」功能就能快速篩選出資料。

設定篩選條件

1 點選表格裡的某個儲存格，再點選選單中的「資料」→「篩選」按鈕
2 點選目標資料欄位的「▼」
3 勾選要篩選的內容再按下「確定」
4 只有符合條件的列會顯示

＊按下「篩選」右邊的「清除」就能清除篩選條件

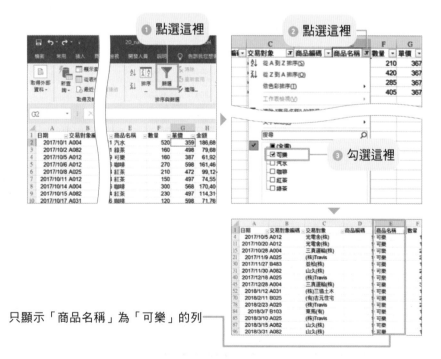

只顯示「商品名稱」為「可樂」的列

也可以這樣篩選

當然也可以設定多個篩選條件，只需要在步驟 3 的選單點選「日期篩選」、「數字篩選」、「文字篩選」，就能設定更細膩的條件。

這個範例是點選「交易對象編號」的篩選條件，再點選「文字篩選」→「開始於」設定篩選條件。可設定的選項會隨著欄位的內容變化。

依照上述的設定輸入，就能篩選出交易對象編碼以「B」為開頭的資料。

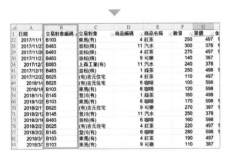

小提醒

「日期篩選」可以只篩出本月的資料，「數字篩選」可以篩選出「營業額超過10萬元」的資料喲。

12. 用資料驗證找出不統一的格式

老師……

溫

喪

這樣篩選就沒有用了……

咚咚一

搜尋
☑（全選）
☑（有）吉元住宅
☑（株）Travis
☑（株）三協土木
☑（株）西誠商事
☑（株）東榮社
☑三真運輸(株)
☑上森工業(有)
☑山久(株)
☑光電舍(株)
☑堃松(株)
☑東馬(有)
☑登川(有)

明明是自己做的表格，但是輸入的名稱不知道為什麼會有這麼多差異……

問題有很多種啦……

容易產生差異的輸入格式

- 公司的標記方式：全稱、加括弧顯示、無標記
- 全形、半形
- 0（數字的0）與○（圈）
- 英文字母的大小寫（例：Travis、TRAVIS）
- 是全形還是半形的連接號（例：—和-）
- 有沒有空格（例：Travis、Travis_）

最好是做成這樣

如果格式不一致，篩選功能就無法發揮效果，所以要先統一輸入的格式喲

所以盡可用複製貼上的方式來輸入資料

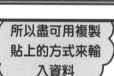

複製、貼上

	A		D
1	交易對象		交易對象清單
2	三真運輸(株)	30680	三真運輸(株)
3	山久(株)	79680	山久(株)
4	光電舍(株)	61920	光電舍(株)
5	光電舍(株)	161460	(株)Travis
6	(株)Travis	99120	(株)三...
7	光電舍(株)	74550	
8	三真運輸(株)	170400	
9	山久(株)	114310	
10	(株)三協土木	71760	
11	光電舍(株)	54180	
12	(株)三協土木	134460	
13	光電舍(株)	45360	
14	三真運輸(株)	227200	
15			

在別的地方先建立可用來複製的資料，就能快速輸入資料喲！

不然就是使用資料驗證功能，限制輸入的內容

資料驗證？

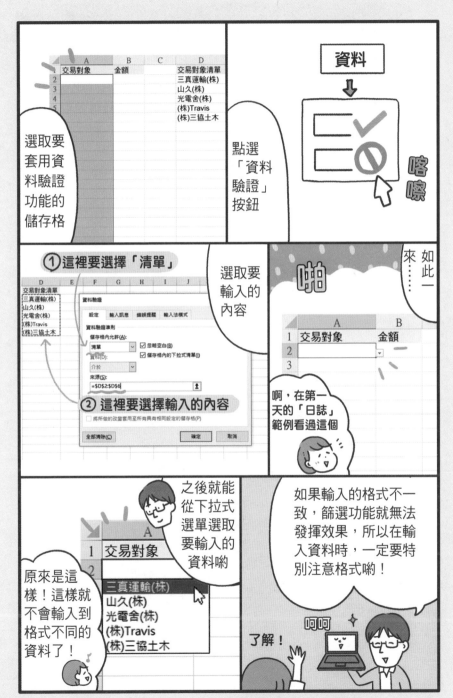

消滅「格式不一致」的問題

只要輸入的格式不一致，超級好用的篩選功能也就英雄無用武之地了。讓我們利用「資料驗證」的功能來統一輸入格式吧。

明明是同一間公司，有時會加註「株式會社」，有時則會加註「(株)」，這種情況就叫做「格式不一致」。下列是常見的問題，如果發現格式不一致，可試著利用「尋找及取代」功能來統一格式。

格式不一致的情況	範例
是否標記公司全稱	(株)、株式會社、無標記
全形、半形	Travis、Ｔｒａｖｉｓ
數字的零與符號的圈圈	0（數字的零）、○（符號的圈圈）
大寫、小寫英文字母	TRAVIS、travis
連接號與負號	－（連接號）、-（負號）
有無空白字元	Travis、Travis_（半形空白字元）

統一格式的方法① 利用複製與貼上輸入

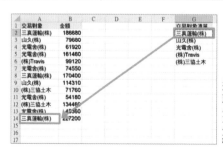

透過「複製與貼上」既有的資料，就能避免格式不一致的問題發生。先製作一張「交易對象清單」，作為複製與貼上資料的表格使用，後續就能避免這類問題發生。

統一格式的方法② 使用資料驗證功能

1️⃣ 選取要套用資料驗證的儲存格範圍

2️⃣ 從選單的「資料」點選「資料驗證」按鈕

3️⃣ 在「設定」索引標籤的「儲存格內允許」選擇「清單」

4️⃣ 點選「來源」的方塊，再拖曳選取剛剛製作的「交易對象清單」，最後按下「確定」

＊交易對象清單可在另一欄或另一張工作表製作

5️⃣ 如此一來就會在剛剛選取的儲存格範圍套用資料驗證規則。點選「▼」可從清單選取要輸入的資料

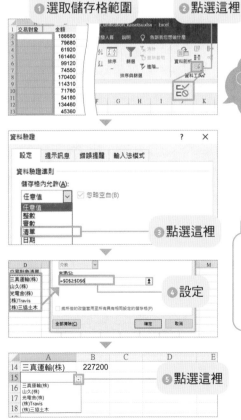

①選取儲存格範圍　②點選這裡

①的儲存格範圍可以往下選取

❸點選這裡

❹設定

❺點選這裡

小提醒

資料驗證功能適合在輸入資料種類不多的狀況下使用。此外，就算設定了資料驗證規則，還是有可能會貼入毫無關係的值，所以千萬別太過依賴這項功能。

13. 暗藏在排序功能裡的陷阱

留意排列規則，以免搞錯順序

乍看之下「排序」是非常方便好用的功能，但卻暗藏著許多陷阱，使用時一定要多加注意。

「排序」功能可依照升冪或降冪排序資料

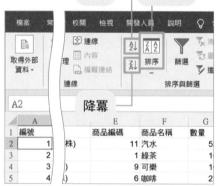

資料	升冪
數值	由小至大
符號	字碼順序
英文	A→Z
中文	筆劃少至多
序列值	由小至大
邏輯值	FALSE→TRUE

選單列的「資料」有排序的按鈕，升冪代表由小至大排序，降冪代表由大至小排序。

＊降冪的順序完全相反
＊空白儲存格會排至最後

注意事項① 無法還原順序

排序之後，存檔、關閉檔案再開啟檔案，就無法還原為原本的順序（儲存檔案之前，可按下 Ctrl + Z 還原）。

	A	B	C	D
1	編號	日期	交易對象編碼	交易對象
2	1	2017/10/1	A004	三真運輸(株)
3	2	2017/10/2	A082	山久(株)
4	3	2017/10/5	A012	光電舍(株)
5	4	2017/10/6	A012	光電舍(株)
6	5	2017/10/8	A025	(株)Travis
7	6	2017/10/11	A012	光電舍(株)

若想還原順序，可先建立編號欄，以便後續以這個欄位進行升冪排序。

注意事項② 有空白欄就無法正常排序

假設表格中有空白欄位，就會被辨識為不同的表格，也就會出現有的欄位可排序，有的無法排序，導致資料無法對應。

比方說，在下圖這種姓名與地址之間有空白欄位的表格就是一例。若以「姓名」為基準替這張表格排序，地址的部分不會排序，姓名與地址也就會對不上，整個資料庫的內容也會變得亂七八糟。

	A	B	C
1	氏名		住所
2	米田 信		三重縣桑名市長島町高座5-10-2
3	松村 秋德		和歌山縣和歌山市今福7-14-1
4	千田 良秋		東京都八王子市中野町5-6-9
5	橫田 朋繪		愛知縣安城市川島町8-6-3
6	北原 美波留		高知縣安藝市赤野乙4-11-3
7	石原 克明		東京都墨田區石原9-7-6 森ビル
8	石塚 茂信		東京都國分寺市西元町4-10-8
9	北村 琉璃子		神奈川縣津久井郡藤野町牧野3

這部分沒排序

若是不先排除空白欄就排序，姓名與地址就會無法對應，所以千萬要記得先排除空白欄。如果還是怕出問題，可先選取整張表格，再按下「排序」鍵。

注意事項③ 文字的排序

基本上，日文漢字會以「讀音」排序，所以就算是相同的漢字，還是會依照輸入時的讀音排序，也有可能會因此出現預期之外的錯誤。

	A	B	C	D
1	姓名	讀音		
2	山田	ヤマダ		
3	六角	ロッカク		
4	木村	キムラ		
5	田中	タナカ		
6	山田	サンデン		
7	山田	山田		

從其他應用程式貼入的文字

為了避免這點，可先建立姓名的「讀音欄」，再以這個欄位排序。

小提醒

與其為了方便排序而調整資料的格式，不如先輸入資料，再以排序功能調整資料的順序。

14. 一筆一筆修正很浪費時間？

剛剛老師說的「資料驗證」功能，是可以避免輸入的格式不一致……

但我已經輸入了一堆格式錯誤的資料……該不會要一筆一筆修正吧……

啊……

交易對象名稱
Travis
Travis
株式會社 Travis
（株）TRAVIS

暈倒～

過去的自己怎麼這麼笨啊……

搥

先冷靜一下……

搥

① 將這裡的文字

尋找及取代

尋找(D)　取代(P)

尋找目標(N): Travis

取代成(E): TRAVIS

選項(T) >>

全部取代(A)　取代(R)　全部尋找　找下一個(F)　關閉

② 取代成這裡的文字

咦！有這麼神奇的事？

這時候可利用「取代」（Ctrl + H）一口氣置換資料！

接下來只要輕輕一按

全部取代(A)

咔嚓

好、好整齊！

啊……

交易對象名稱
TRAVIS
TRAVIS
TRAVIS
TRAVIS

也可以一筆一筆取代喲！

利用尋找與取代，瞬間修正錯誤

　　要從大量的資料找到或取代特定值，就使用「尋找與取代」功能吧。

搜尋工作表的資料

1 點選選單的「常用」→「尋找與選取」按鈕，再點選「尋找」（快速鍵為 Ctrl + F）
2 在「尋找目標」輸入要尋找的值
3 選「找下一個」，就會移動到符合尋找條件的儲存格。每按一次，就會往下一個符合條件的值移動

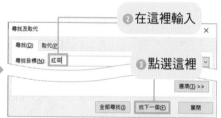

取代工作表的資料

1 「尋找及取代」對話框開啟後，點選「取代」索引標籤（快速鍵為 Ctrl + H）
2 在「尋找目標」欄位輸入要尋找的值，再於「取代成」欄位輸入目標值
3 點選「取代」
4 符合條件的值會取代為目標值
5 每點選一次就會取代一個值

＊按下「全部取代」就能一口氣取代所有符合條件的值

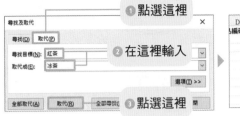

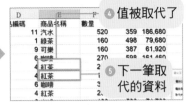

善用選項

點選「尋找及取代」對話框的「選項」可進一步調整尋找與取代的範圍。

將「搜尋範圍」從「工作表」變更為「活頁簿」，就能尋找與取代整本活頁簿的工作表資料。

「尋找」索引標籤的選項可根據「尋找目標」搜尋公式、值、註解、附註，可視情況設定不同的搜尋目標。

小提醒

在儲存格輸入公式之後，實際的輸入內容（公式）與顯示的內容（計算結果）是不同的，所以要搜尋計算結果時，要在「搜尋」設定為「內容」，若要搜尋公式，就要設定為「公式」。以右圖為例，儲存格 A1 直接輸入了「100」，所以不管搜尋的是「內容」還是「公式」，都會搜尋到這筆資料，但儲存格 A2 輸入的是「=A1」，所以設定為「公式」是找不到這筆資料的。

設定「內容」與「公式」都會搜尋到這筆資料

只有設定為「內容」的時候可以搜尋到這筆資料

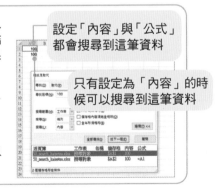

15. Excel 也能貼便條紙？

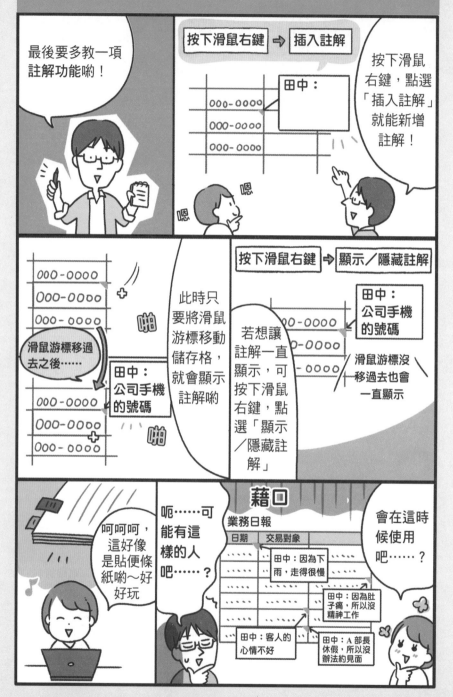

善用註解功能

「註解」功能可在將 Excel 檔案交給第三者時，發揮類似便條紙的功能，讓對方知道有哪些注意事項與需要傳達的事。

在儲存格追加註解

① 點選要追加註解的儲存格，再按下滑鼠右鍵開啟選單
② 點選「插入註解」
③ 輸入註解的內容。點選其他儲存格就能停止輸入
④ 將滑鼠游標移動該儲存格，就能顯示註解

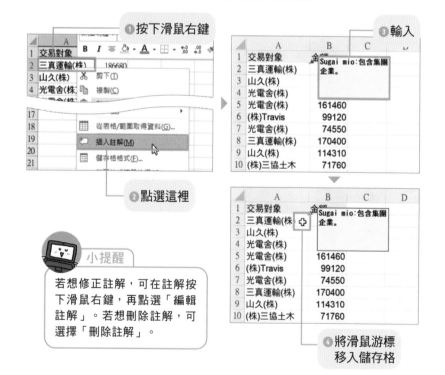

❶按下滑鼠右鍵

❷點選這裡

❸輸入

❹將滑鼠游標移入儲存格

小提醒

若想修正註解，可在註解按下滑鼠右鍵，再點選「編輯註解」。若想刪除註解，可選擇「刪除註解」。

自訂註解

　　若想讓註解一直顯示，可在儲存格按下滑鼠右鍵，再點選「顯示／隱藏註解」。

　　此外，列印時，不會印出註解的內容。假設想連同註解一併列印，可在列印畫面的「版面設定」設定列印範圍。要列印註解的話，註解有可能會遮住儲存格，所以記得先把註解移動到沒有資料的位置。

利用「顯示／隱藏註解」選項讓註解常駐於螢幕上，就不需要移入滑鼠游標才能看到註解的內容。

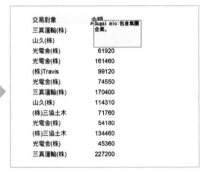

點選選單的「檔案」→「列印」→「版面設定」，再於「工作表」索引標籤點選「註解」。若設定為「和工作表上的顯示狀態相同」，就能列印註解的內容。

小提醒

在儲存格按下滑鼠右鍵之後，有時會出現「插入新附註」的選項。附註與註解的差異在於有無討論。註解比較像是便條紙，但附註則是別人的回覆，算是一種雙向溝通的工具。此外，有些 Excel 的版本沒有「附註」，只有「註解」這項功能，此時「註解」與「附註」的功能就一樣。

不擅長 Excel 的窘境

排序一失誤
沒有回頭路

逃避現實

在網路搜尋
「時光機網購」

啪嚓

現學現用的
七大必學函數

16. 公式的基本使用方法

咔嚓

老師早安

早安

第 4 天的目標
效率化的法寶！
一起來了解函數吧！

今天總算要開始教函數的使用方法了！

好……

吞口水……

不用那麼緊張啦……

函數好可怕
我超怕數學的

怕到不行

沒那麼可怕啦～

嘖嘖嘖

首先要教的是公式的基本使用方法

輸入公式的方法

• 先輸入「=」
• 全部以半形字元輸入

如果是中文輸入法，要先切換喲！

要在公式參照儲存格的時候，可利用滑鼠游標選取

=

咔嚓

A
1 1,000

=A1

啪

也可以手動輸入喲！

=IF(A2>=60,"合格","不合格")

也可以輸入中文啊

公式裡的字串要以「""」括起來

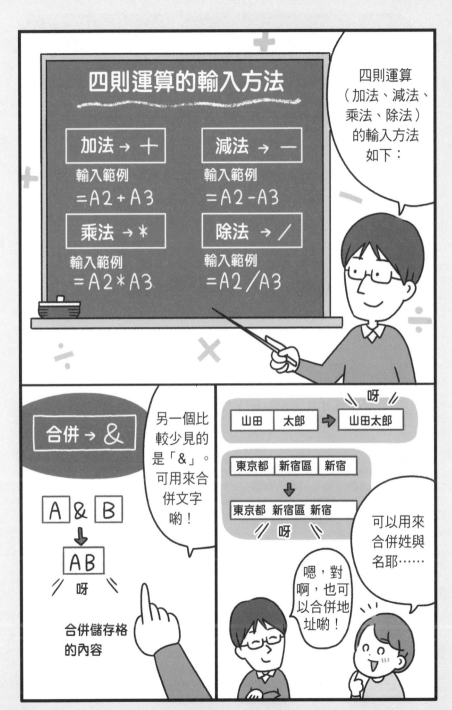

四則運算的輸入方法

加法 → ＋
輸入範例
=A2＋A3

減法 → －
輸入範例
=A2－A3

乘法 → ＊
輸入範例
=A2＊A3

除法 → ／
輸入範例
=A2／A3

四則運算（加法、減法、乘法、除法）的輸入方法如下：

合併 → ＆

A ＆ B
↓
AB
呀
合併儲存格的內容

另一個比較少見的是「＆」。可用來合併文字喲！

山田　太郎 ➡ 山田太郎　呀

東京都 新宿區 新宿
↓
東京都 新宿區 新宿　呀

可以用來合併姓與名耶……

嗯，對啊，也可以合併地址喲！

輸入公式的注意事項

在學習函數之前，先了解 Excel 輸入公式的方法與運算式的使用方法吧。

公式的規則

要在 Excel 計算數值或使用公式的時候，請遵守下列規則：

❶ 全部以半形字元輸入（切換成半形英數輸入模式）

❷ 先輸入「=」（等號）　　❸ 公式可以大寫或小寫英文字母輸入

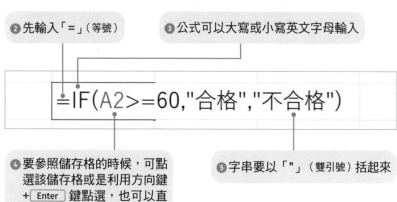

$$=IF(A2>=60,"合格","不合格")$$

❹ 要參照儲存格的時候，可點選該儲存格或是利用方向鍵 + Enter 鍵點選，也可以直接輸入儲存格的編號

❺ 字串要以「"」（雙引號）括起來

小提醒

公式的符號都要以半形字元輸入。

四則運算的輸入方法

要在 Excel 輸入四則運算的符號，也要以半形字元輸入。有一部分與數學的運算式不同。

四則運算	運算子	按鍵	使用範例
加法	+	⬆Shift + `= +`	=A2+A3
減法	-	`ー ル`	=A2-A3
乘法	*	⬆Shift + `* Y 8`	=A2*A3
除法	/	`/ ? ・`	=A2/A3

合併文字的運算式

此外，「&」（AND ／與號）也是很常使用的運算式。這個運算式可用來合併字串以及不同儲存格的內容。「&」可按下 [Shift] + [7] 輸入。

	A	B	C	D
1				
2	姓	名	結果	公式
3	松井	友美		=A3&B3
4	近藤	和弘		=A4&B4
5	青山	昴		=A5&B5
6				

小提醒

公式也可使用自動填入功能輸入。假設要將公式複製到相鄰的多個儲存格，就能使用自動填入功能。此時也可先了解後文即將學到的「絕對參照」與「相對參照」喲。

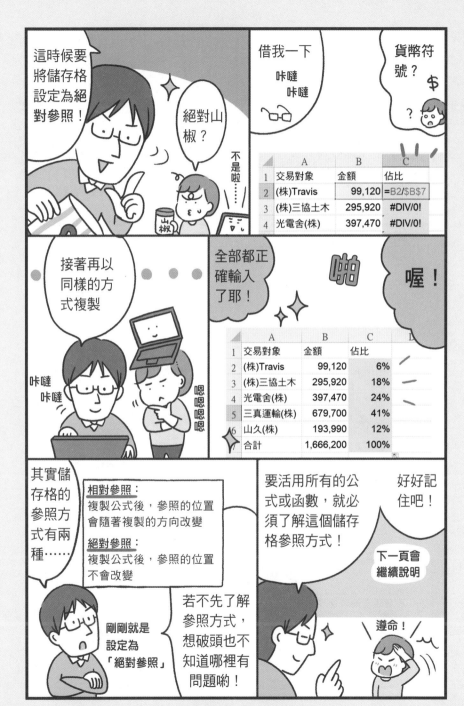

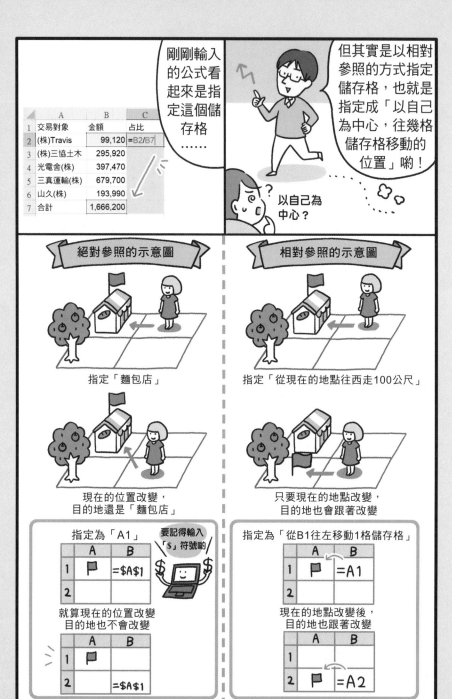

剛剛輸入的公式看起來是指定這個儲存格……

但其實是以相對參照的方式指定儲存格，也就是指定成「以自己為中心，往幾格儲存格移動的位置」喲！

以自己為中心？

	A	B	C
1	交易對象	金額	占比
2	(株)Travis	99,120	=B2/B7
3	(株)三協土木	295,920	
4	光電舍(株)	397,470	
5	三真運輸(株)	679,700	
6	山久(株)	193,990	
7	合計	1,666,200	

絕對參照的示意圖

指定「麵包店」

現在的位置改變，目的地還是「麵包店」

指定為「A1」

要記得輸入「$」符號喲

	A	B
1	🚩	=$A$1
2		

就算現在的位置改變目的地也不會改變

	A	B
1	🚩	
2		=$A$1

相對參照的示意圖

指定「從現在的地點往西走100公尺」

只要現在的地點改變，目的地也會跟著改變

指定為「從B1往左移動1格儲存格」

	A	B
1	🚩	=A1
2		

現在的地點改變後，目的地也跟著改變

	A	B
1		
2	🚩	=A2

原來如此……

所以儲存格的參照才會在複製的時候改變啊……

像我剛剛加入「$」符號就能設定成絕對參照

$B$7

在欄與列的前面輸入！

此時就算把公式複製到其他地方，參照的位置也不會改變

咦

那繼續教下去！請先看這個陣列式的表格

呃……這是上方與左側數字相乘的表格吧

這個絕對參照的指定不只能指定「特定的儲存格」還能指定「列」或「欄」喲！

	A	B	C	D	E
1			單價		
2			100	110	120
3	數量	10			
4		20			
5		30			
6					

這時候就要這樣輸入！

	A	B	C	D	E
1			單價		
2			100	110	120
3	數量	10	=$B3*C$2		

只有「欄」是絕對參照
就算參照的欄移動，也一樣會參照 B 欄

只有「列」是絕對參照
就算參照的列移動，也一樣會參照第 2 列

這種相對參照與絕對參照混在一起的方式就稱為複合參照喲！

這麼一來，不管公式複製到哪個儲存格，參照的位置都不會改變！

125

了解儲存格參照方式

利用公式計算時，通常不會直接輸入值，而是參照存有該值的儲存格，所以讓我們一起了解參照儲存格的方法吧。

什麼是相對參照？

「以現在的儲存格為起點，參照相對位置的儲存格」在 Excel 稱為「相對參照」。

比方說，在儲存格 B1 輸入「=A1」的參照方式可解釋成「參照儲存格 B1 左邊一格的儲存格」，所以當儲存格 B1 的公式複製到儲存格 B2，就會變成「參照儲存格 B2 左邊一格的儲存格，也就是參照『A2』」的意思。

	A	B
1	100	=A1
2	200	=A2
3	300	=A3
4	400	=A4
5		

將儲存格B1的公式往下複製之後，參照的儲存格編號就會變動

	A	B	C
1	100	100	
2	200	200	
3	300	300	
4	400	400	
5			

由於參照的目標儲存格改變，結果當然跟著改變。參照的目標儲存格會隨著貼上的位置改變時，這種參照方式就稱為「相對參照」

什麼是絕對參照？

不管公式複製到哪個儲存格，都想參照同一個儲存格的時候，就可使用「絕對參照」。要使用絕對參照時，可在儲存格的列編號或欄編號之前加上「$」。如此一來，不管公式複製到哪個儲存格，都能持續參照同一個儲存格。

小提醒

「$」可按下 Shift + 4 輸入。

	A	B	C
1	交易對象	金額	占比
2	(株)Travis	99,120	=B2/$B$7
3	(株)三協土木	295,920	
4	光電舍(株)	397,470	
5	三真運輸(株)	679,700	
6	山久(株)	193,990	
7	合計	1,666,200	
8			

	A	B	C
1	交易對象	金額	占比
2	(株)Travis	99,120	=B2/$B$7
3	(株)三協土木	295,920	=B2/$B$7
4	光電舍(株)	397,470	=B4/$B$7
5	三真運輸(株)	679,700	=B5/$B$7
6	山久(株)	193,990	=B6/$B$7
7	合計	1,666,200	=B7/$B$7
8			

在要固定的儲存格的列編號或欄編號前面加上「$」。

之後就算複製與貼上公式，也能參照相同的儲存格。

什麼是複合參照？

　　九九乘法表、根據距離與重量決定宅配運費的收費表，都是儲存格的列或欄的值固定，然後讓另一邊的值產生變化，藉此計算結果的表格，而這種表格又稱為「陣列型表格」。這種表格通常會同時使用相對參照與絕對參照，而這種參照方式又稱為「複合參照」。要使用複合參照時，可在要固定的列（或是欄）輸入「$」。

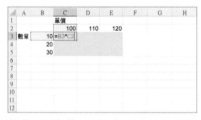

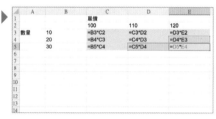

這是B欄與第2列數字相乘的陣列型表格。第一步先在儲存格C3輸入相對參照的公式，再試著將公式複製到儲存格E5。

因為是相對參照，所以參照的儲存格的列與欄編號在複製之後都變動了。

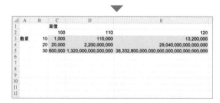

算出預料之外的結果。

為了避免參照的目標儲存格的列或欄編號在複製之後變動，可將目標儲存格的欄與列分別固定為「B欄」與「第2列」。在「B」的前面輸入「$」之後，就算公式複製到C欄～E欄，還是能參照B欄，同理可證，在「2」的前面輸入「$」，將公式複製到第3～5列，也能繼續參照第2列。

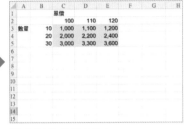

在儲存格C3輸入複合參照的公式，再將公式複製到儲存格E5。由於已固定參照B欄與第2列，所以不管是哪個儲存格的公式，都能正確參照儲存格。

算出正確的結果了。

18. 能立刻派上用場的七大函數

接著要逐步介紹能立刻派上用場的函數喲！

在此之前，先介紹基礎操作

函數都是以這種方式輸入的喲！

一開始先輸入等號

接在函數後面的是用括號括起來的部分

$=ROUND(A2,0)$

函數名稱　第 1 個參數　第 2 個參數

參數用「,」間隔

參數就是……
對 Excel 下達指令時的必要資訊

呃……

$=ROUND(\underset{①}{A2},\underset{②}{0})$

乍看之下好像很難，但只要記得這個範本就夠了！

ROUND 函數的範本

將①原始值 A2 四捨五入至
②位數 0（= 整數）

啊，這樣簡單多了耶！

只要記住這個範本，之後就像是填空而已喲！

懂了！

順帶一提，輸入「=」與第一個文字，就會自動顯示可使用的函數

一整排～

```
=F
F.DIST
F.DIST.RT
F.INV
F.INV.RT
F.TEST
FACT
FACTDOUBLE
FALSE
FIELDVALUE
FILTER
FILTERXML
FIND
```

選到需要的函數後，按下 Tab 輸入

真的假的！

接著是要介紹計算筆數的這個函數

COUNTA
計算輸入資料的儲存格有幾個

輸入方法
＝COUNTA（B2：B7）
　　　　　①

範本
在 ① 的儲存格範圍內計算有幾個儲存格有資料

這個函數可以幫忙計算在某個儲存格範圍之內，「有幾個儲存格存有資料」！

	A	B		C	D	E
	員工姓名	支付金額			合計支付金額	834,760
	渡邊 貴子	435,400			支薪人數	6
	高橋 清	264,500				
	松本 加奈	53,400				
	橋本 幸雄	24,690				
	前田 彩三	46,930				
	石井 宏	9,840				

這個儲存格範圍之內的資料有「6筆」！

這很適合在記錄有很多筆資料的時候使用耶

接著要介紹的是計算平均值的函數

AVERAGE
計算平均值

輸入方法
＝AVERAGE（B2：B7）
　　　　　　①

範本
計算 ① 的儲存格範圍內的平均值

平均……

可是！

平均值雖然很好用

薪資支付表

員工姓名	支付金額
A	435,400
B	264,500
C	143,000
D	9,840

低平均了 這邊就拉

平均支付金額
213,185

平均大幅下滑

但其實平均值有時沒什麼意義喲！

讓人覺得不同年齡的平均年收差很多吧

的確，差很多！

經濟月刊 育兒所需平均年收

132

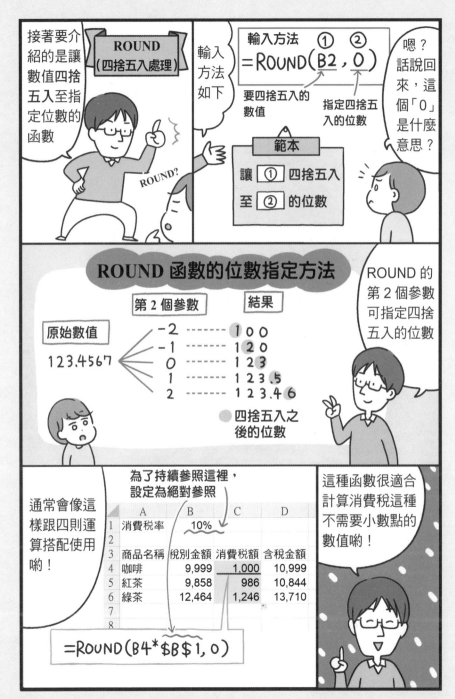

接著要介紹的是讓數值四捨五入至指定位數的函數

ROUND
（四捨五入處理）

ROUND?

輸入方法如下

輸入方法
=ROUND(B2,0)
① ②

要四捨五入的數值

指定四捨五入的位數

範本

讓 ① 四捨五入至 ② 的位數

嗯？話說回來，這個「0」是什麼意思？

ROUND 函數的位數指定方法

第2個參數　　　結果

原始數值
123.4567

-2 ------- 1 0 0
-1 ------- 1 2 0
0 ------- 1 2 3
1 ------- 1 2 3 . 5
2 ------- 1 2 3 . 4 6

● 四捨五入之後的位數

ROUND 的第2個參數可指定四捨五入的位數

通常會像這樣跟四則運算搭配使用喲！

為了持續參照這裡，設定為絕對參照

	A	B	C	D
1	消費稅率	10%		
2				
3	商品名稱	稅別金額	消費稅額	含稅金額
4	咖啡	9,999	1,000	10,999
5	紅茶	9,858	986	10,844
6	綠茶	12,464	1,246	13,710
7				
8				

=ROUND(B4*$B$1,0)

這種函數很適合計算消費稅這種不需要小數點的數值喲！

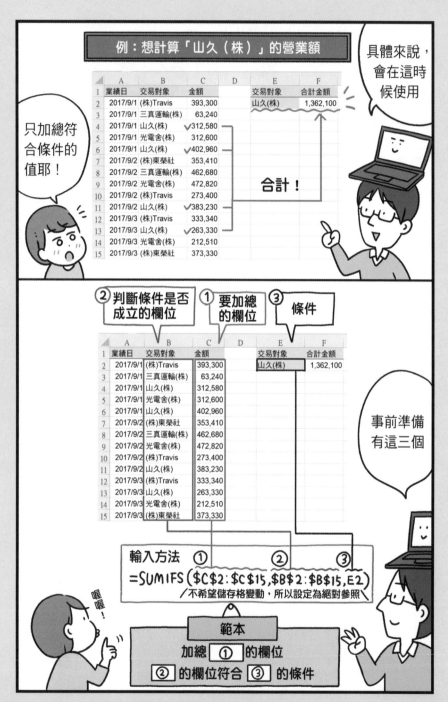

把函數想成是「範本」

害怕函數的人，不如把函數想成「填空用的範本」。只要能看到函數就想起範本，就一定能活用每個函數。

函數的格式與範本

基本上，函數是利用計算所需的資訊，也就是「參數」進行計算，換言之，就是決定計算方式，再根據參數的內容導出計算結果的意思。不同的函數需要不同的參數。**把每個函數想成利用參數填空的「範本」，就能快速寫好公式。**

將函數的語法寫成範本之後，可得到下列的結果。

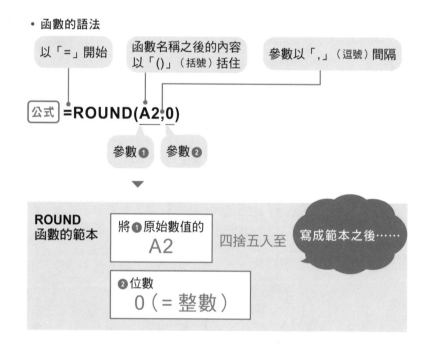

• 函數的語法

以「=」開始　　函數名稱之後的內容以「()」（括號）括住　　參數以「,」（逗號）間隔

公式 **=ROUND(A2,0)**

參數❶　參數❷

ROUND 函數的範本

將❶原始數值的 **A2** 四捨五入至

❷位數 **0（＝整數）**

寫成範本之後……

如何輸入函數？

函數可以手動輸入，但更建議使用輸入輔助功能輸入。

❶ 輸入「＝」之後，輸入函數的第1個字母，就會自動顯示可輸入的函數

❷ 利用滑鼠雙點需要的函數，或是利用鍵盤的 ⬆ 鍵、⬇ 鍵選擇函數，再按下 Tab 鍵，就能輸入函數

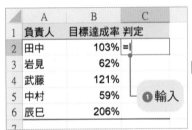

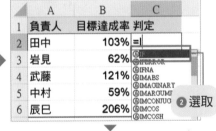

小提醒

按下 Enter 鍵只會輸入剛剛輸入的內容，所以要輸入函數就要改按 Tab 鍵。

間隔與選取範圍

若要輸入多個參數，可利用「,」（逗號）間隔參數。

此外，若以「:」（冒號）連接儲存格，就能以單一的參數指定「從～到～的儲存格範圍」，例如「A2:A15」就是儲存格範圍 A2 到 A15 的意思。

顯示合計的 SUM 函數

SUM 函數可加總指定儲存格的數值，也能直接輸入數值。

公式 **=SUM(A2,A7)**
        ① ②

SUM 函數的範本

①數值 1
A2
與

②數值 2
A7
的總和

顯示指定儲存格的總和

利用「,」（逗號）間隔儲存格編號，就能加總不連續的儲存格。

公式 **=SUM(B4,B8)**

	A	B	C
1		金額	
2	可樂	10	
3	汽水	20	
4	碳酸飲料小計	30	
5	紅茶	100	
6	烏龍茶	200	
7	綠茶	300	
8	茶類飲料小計	600	
9	總合計	630	
10			

於儲存格B9輸入上列公式的結果。

顯示特定儲存格範圍的合計

以「：」（冒號）連接儲存格編號，就能顯示該儲存格範圍的合計。利用滑鼠拖曳選取要加總的儲存格範圍，就能快速選取需要的儲存格範圍。

公式 **=SUM(B2:B4)**

	A	B	C
1		金額	
2	三真運輸(株)	10	
3	山久(株)	20	
4	光電舍(株)	30	
5	合計	=SUM(B2:B4)	

▶

	A	B	C
1		金額	
2	三真運輸(株)	10	
3	山久(株)	20	
4	光電舍(株)	30	
5	合計	60	

自動加總的使用方法

「自動加總」是能自動判斷加總範圍與輸入 SUM 函數的功能。選擇要顯示計算結果的儲存格，接著在選單的「常用」點選「加總」按鈕就能自動輸入公式。

儲存格B4與B8都輸入了SUM函數。

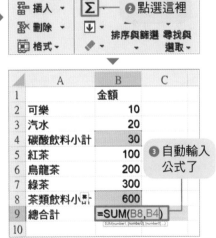

自動判斷加總範圍與顯示總和。

顯示不為空白的儲存格有幾個的 COUNTA 函數

COUNTA 函數可顯示存有數值、字串或其他值（不為空白）的儲存格有幾個。不管是顯示錯誤的儲存格，還是因為公式而保持空白的儲存格（輸入了「=""」的儲存格），都會被納入計算。這個函數除了可在下圖這種聯絡人名冊計算成員人數，當然也很適合計算空白的儲存格，所以就能快速算出有多少人出缺席。

此外，COUNT 函數可計算存有數值的儲存格有幾個。

 **=COUNTA(A2:A7)**
①

COUNTA 函數的範本

計算在 **①範圍** **A2 至 A7** 的範圍裡

有幾個儲存格不為空白

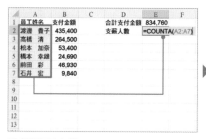

計算員工人數。

顯示不為空白的儲存格有幾個。

顯示平均值的 AVERAGE 函數

AVERAGE 函數可加總指定範圍的數值,再以資料筆數除以該值,算出所謂的「平均值」。要注意的是,空白的儲存格雖然不會被納入計算,但值為「0」的儲存格仍算是一筆資料。

 =AVERAGE(B2:B7)

AVERAGE 函數的範本　顯示　**❶原始數值　B2 到 B7**　儲存格範圍　的平均值

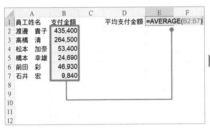

計算員工的平均支付金額。

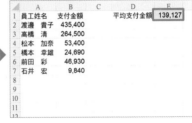

加總特定儲存格範圍的值,再以儲存格的個數(6)除出平均值。

小提醒

乍看之下 AVERAGE 是個很好用的函數,但讓我們審視一下,究竟這個函數算出的結果有何意義呢?

比方說,從上圖的「支付金額」可推測出這些資料包含了正職員工、兼職員工、約聘員工的薪水,但我們必須思考的是,究竟能從這種未以員工身分為加權的平均值找出什麼意義。假設這份資料包含了極高或極低的數值(偏差值),恐怕只會算出偏離現實的平均值。

有時候以最大值或最小值分析才更實用。讓我們將「能用來分析的值是什麼」這個問題時時放在心中吧。

進行四捨五入計算的 ROUND 函數

ROUND 函數可讓儲存格的數值四捨五入至指定的位數。這個函數不是只變更「螢幕上的值」，而是變更「記錄的值」，很適合用來計算消費稅或訂單數量這類不需要小數點的值。

公式 **=ROUND(D2,0)**
　　　　　　　❶　❷

ROUND 函數的範本

將　　❶原始值
　　　將 D2　　四捨五入至

❷位數
0(= 整數)　　的位數

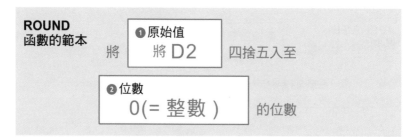

四捨五入至整數後，算出銷售金額。

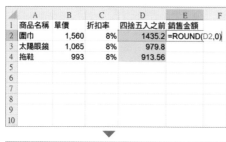

將公式複製到儲存格E3~E4，就能顯示四捨五入後的整數。

指定位數的方法

　　若不需要顯示小數點的數字，可將參數②的位數設定為「0」，若想顯示小數點第一倍的數字可指定為「1」。整數位數的指定方式如下。要顯示至十位數時（四捨五入至個位數），可將參數設定為「-1」，若要顯示至百位數（四捨五入至十位數）則可指定為「-2」。

原始數值	位數	結果
123.4567	-2	100
	-1	120
	0	123
	1	123.5
	2	123.46

小提醒

還有無條件進位至指定位數的 ROUNDUP 函數以及無條件捨去的 ROUNDDOWN 函數。

ROUND 函數的活用術

　　ROUND 函數很常與四則運算搭配使用，例如在計算消費稅的時候，就會在單價乘上消費稅之後，透過四捨五入的計算去除小數點，讓計算結果轉換成整數。

	A	B	C	D	E
1	消費稅率	10%			
2					
3	商品名稱	稅別金額	消費稅額	含稅金額	
4	咖啡	9,999	=ROUND(B4*$B$1,0)		
5	紅茶	9,858		9,858	＊
6	綠茶	12,464		12,464	
7					
8					
9					
10					

▶

	A	B	C	D	E
1	消費稅率	10%			
2					
3	商品名稱	稅別金額	消費稅額	含稅金額	
4	咖啡	9,999	1,000	10,999	
5	紅茶	9,858	986	10,844	
6	綠茶	12,464	1,246	13,710	
7					
8					
9					
10					

將消費稅率「10%」的儲存格B1設定為絕對參照。

將公式複製到儲存格C5~C6之後，即可顯示消費稅金額。

根據「是」與「否」導出結果的 IF 函數

接著說明根據條件是否成立傳回不同結果的函數。

其實我們很常想出結論之後才採取行動，例如「看到綠燈」，會告訴自己「可以往前走」，否則就停下來（因為是紅燈），而 Excel 是透過 IF 函數進行這類判斷。乍看之下，這個函數好像很難，但寫成白紙黑字就能立刻了解。

假設只在「目標達成率」大於等於 100% 的時候，在「判定」欄位顯示「達成」。

將條件的「是」與「否」改寫成文字，就能整理成下方的示意圖。透過參數指定條件以及條件為真（是）與條件為假（否）的處理，IF 函數的公式就完成了。

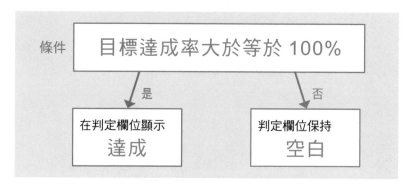

=IF(C2>=100%,"達成"," ")

① ② ③

IF 函數的範本

① 條件式

目標達成率大於等於 100%　　為條件

條件成立時，顯示 ② 條件為真
達成

條件不成立時，③ 條件為假
保持空白

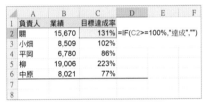

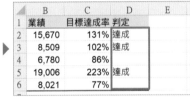

條件式可利用下列的運算子撰寫。

符號	範例	意義
=	C2=100%	C2的值等於100%
<>	C2<>100%	C2的值不等於100%
<	C2<100%	C2的值小於100%
<=	C2<=100%	C2的值小於等於100%
>	C2>100%	C2的值大於100%
>=	C2>=100%	C2的值大於等於100%

 小提醒

要在公式輸入「空白欄位」，可連續輸入2個「" "」（雙引號）。

149

設定多重條件的巢狀結構

　　有時候會需要設定考試分數大於等於 90 分就顯示「◎」、大於等於 70 分就顯示「△」，小於 70 分就顯示「×」的多重條件，此時可在 IF 函數輸入 IF 函數，以巢狀結構的方式輸入函數。這種巢狀結構的函數在寫成白紙黑字之後，一樣能幫助我們撰寫公式。

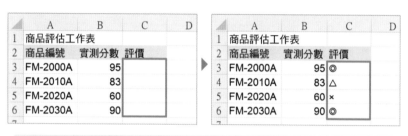

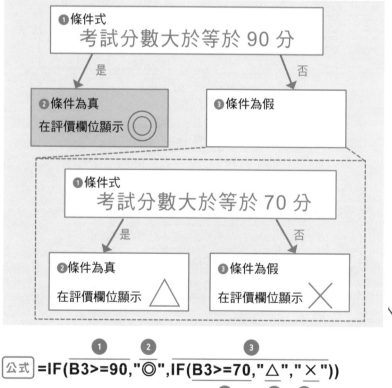

公式 =IF(B3>=90,"◎",IF(B3>=70,"△"," ×"))

可設定加總條件的 SUMIFS 函數

SUMIFS 函數可篩選出儲存格符合條件的列，加總該列的特定數值。由於可以只加總符合條件的項目，所以就算資料庫很龐大，也能如下快速根據用途加總資料。

- 計算「各客戶」的「業績總和」
- 計算「各客戶、各種商品」的「業績總和」
- 計算「各門市」的「人事費總和」
- 計算「各項目」的「試算金額」

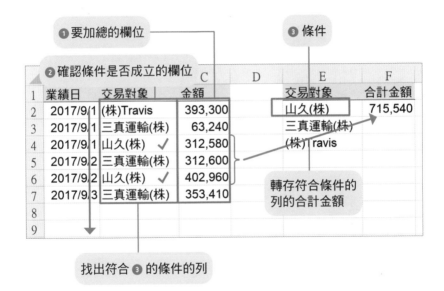

這個函數可依序指定「要加總的欄位」、「是否有符合條件的儲存格的欄位」、「條件」，如此一來，就能根據條件加總特定欄位。

為了不讓「要加總的欄位」、「是否有符合條件的儲存格的欄位」變動，可利用絕對參照的方式指定。

公式 =SUMIFS($C$2:$C$7,$B$2:$B$7,E2)

❶　❷　❸

**SUMIFS
函數的範本 1**

❶加總目標範圍
金額　加總欄位的值

條件是

❷條件範圍 1
交易對象的欄位　與　❸條件 1
山久(株)　相同

	A	B	C	D	E	F	G	H	I
1	業績日	交易對象	金額		交易對象	合計金額			
2	2017/9/1	(株)Travis	393,300		山久(株)	=SUMIFS($C$2:$C$7,$B$2:$B$7,E2)			
3	2017/9/1	三真運輸(株)	63,240		三真運輸(株)				
4	2017/9/1	山久(株)	312,580		(株)Travis				
5	2017/9/2	三真運輸(株)	312,600						
6	2017/9/2	山久(株)	402,960						
7	2017/9/3	三真運輸(株)	353,410						
8									
9									
10									

▼

	A	B	C	D	E	F	G	H	I
1	業績日	交易對象	金額		交易對象	合計金額			
2	2017/9/1	(株)Travis	393,300		山久(株)	715,540			
3	2017/9/1	三真運輸(株)	63,240		三真運輸(株)				
4	2017/9/1	山久(株)	312,580		(株)Travis				
5	2017/9/2	三真運輸(株)	312,600						
6	2017/9/2	山久(株)	402,960						
7	2017/9/3	三真運輸(株)	353,410						
8									
9									
10									

指定多重條件

　　SUMIFS 函數也可在以多重條件加總數值的時候使用。指定要加總的欄位後，再依序指定「條件範圍 1 與條件 1」、「條件範圍 2 與條件 2」這類條件。

　　此外，要以下圖這類陣列型表格計算總和時，可將條件設定為複合參照，以「條件 1 為固定欄位（❸）」、「條件 2 為固定列（❺）」的方式撰寫條件。

公式 =SUMIFS($D$2:$D$15,$B$2:$B$15,$F3,
❶ ❷ ❸

$C$2:$C$15,G$2)
❹ ❺

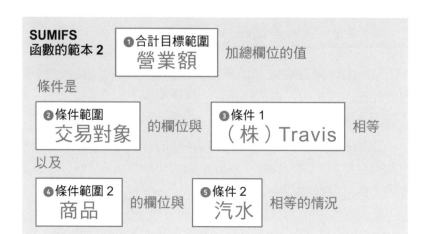

SUMIFS 函數的範本 2

❶合計目標範圍
營業額
加總欄位的值

條件是

❷條件範圍
交易對象
的欄位與

❸條件 1
（株）Travis
相等

以及

❹條件範圍 2
商品
的欄位與

❺條件 2
汽水
相等的情況

固定為第 2 列

E	F	G	H	I	J	K	L
		汽水	可樂	咖啡			
	(株)Travis	=SUMIFS($D$2:$D$15,$B$2:$B$15,$F3,$C$2:$C$15,G$2)					
	三真運輸(株)	94,500	227,540	249,920			
	山久(株)	105,840	100,620	137,540			

固定為 F 欄

小提醒

不以複合參照的方式設定條件，參照的目標位置就會變動，也就無法顯示正確的結果。

F	G	H	I	J	K	L	M
		汽水	可樂	咖啡			
	(株)Travis	123,855	0	0			
	三真運輸(株)	0	=SUMIFS($D$2:$D$15,$B$2:$B$15,G4,$C$2:$C$15,H3)				
	山久(株)	0	0	0			

根據條件，計算儲存格個數的 COUNTIFS 函數

COUNTIFS 函數可計算符合條件的儲存格有幾個，換言之，就是「沒有加總功能的 SUMIFS 函數」。

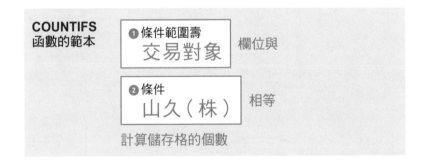

公式 =COUNTIFS($B$2:$B$8,E2)

19. 查找用的 VLOOKUP 函數

最後要的是 VLOOKUP

這個是可「從表格找出必要資訊再回傳至其他位置」的函數

VLOOKUP 可順著垂直方向搜尋資料

出道單曲 VLOOKUP

好好聽的名字！

① 先依序在左側的文字尋找

L 型移動

駒～

② 找到之後立刻往右邊移動

感覺上，很像是查字典時的視線移動方式

VLOOKUP 函數的原理

① 要尋找的資料

ant

② 從表格的最左側開始尋找

單字	意義
angry	生氣
ant	螞蟻
apple	蘋果

③ 回傳第幾列的資料

第 2 列

ant	螞蟻

螞蟻

找到了！

真的很像查字典耶！

英文字典

① 要尋找的資料
② 用於尋找資料的表格
③ 指定要回傳的欄位

換言之，需要的資料是這三個喔！

了解VLOOKUP函數

VLOOKUP 在各種函數之中，算是有點難理解的函數，但只要懂得在範本填空，就沒想像中那麼困難。

像是查閱字典般搜尋資料 =VLOOKUP 函數

VLOOKUP 函數很適合在「於表格搜尋特定資料，再回傳資料」的情況使用。

例如可在下列這類情況使用。

- 從「電話簿」找出名字，再回傳對應的「電話號碼」
- 從「交易對象清單」找到特定的「交易對象編號」，再回傳對應的「交易對象姓名」
- 從「商品編號轉換表」找出特定的「舊商品編號」，再回傳對應的「新商品編號」

根據編號找出交易對象姓名，再回傳對應的資料

VLOOKUP 函數的執行過程很像查字典，讓我們試著以下圖為例，想想看 VLOOKUP 函數是怎麼根據「編號」取得「交易對象」的公司名稱吧。在範例中，相當於單字的是「編碼」的「S110」，相當於單字意義的是「交易對象」的內容，而相當於字典的是「交易對象清單」表格。

第一步先從表格找出「S110」（鎖定垂直方向），接著指定「從指定表格的第幾欄取出資料」（鎖定水平方向）。這次範例指定的是第 2 欄的「交易對象」欄位。此外，搜尋對象一定要位於最左側的欄位，才能取得對應的資料。

VLOOKUP 函數會將這三種資訊當成參數使用。

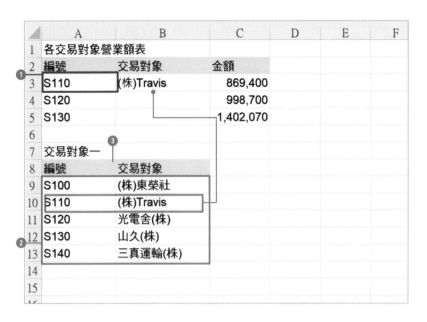

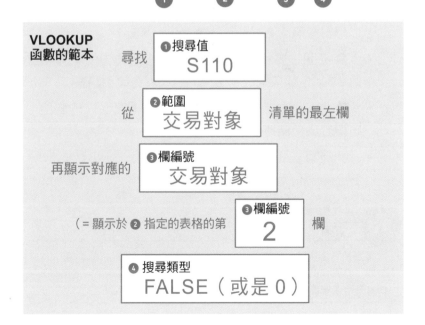

公式 **=VLOOKUP(A3,$A$9:$B$13,2,FALSE)**

① ② ③ ④

VLOOKUP 函數的範本

尋找 **①搜尋值**
S110

從 **②範圍**
交易對象   清單的最左欄

再顯示對應的 **③欄編號**
交易對象

（＝顯示於 ② 指定的表格的第 **③欄編號** 2 欄）

④搜尋類型
FALSE（或是 0）

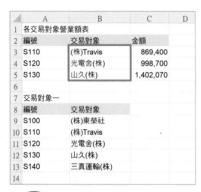

將儲存格B3的公式複製到儲存格B5為止，就會回傳對應的交易對象姓名。

 小提醒

FALSE（或是 0）的意思是「搜尋完全一致的資料」，這個參數都是設定為 FALSE，還請大家記住這個規則。

輸入參數 ❸ 之後，會自動顯示「TRUE」與「FALSE」的選項，此時可以利用 ⬆⬇ 選擇「FALSE」，再按下 Tab 鍵輸入，或是直接利用滑鼠雙點輸入「。」，再輸入「)」，最後按下 Enter 鍵即可。

使用 VLOOKUP 函數的注意事項：

- 以絕對參照的方式輸入「❷ 範圍」

- 「❷ 範圍」要包含「❸ 欄編號」指定的欄位（明明指定為「3」，卻只選取了 2 欄的範圍就會發生錯誤）

- 「❷ 範圍」的最左欄必須是尋找「❶ 搜尋值」的欄位（一定要於最左欄搜尋）

- 「❷ 範圍」可以選取到非常下面的列

  選取至 999 列：「$A$2:$D$999」

  選取整欄：「$A:$D」

小提醒

本書為了方便說明，而將不同的表格放在同一欄，所以「❷ 範圍」也只選取了有資料的範圍。實際使用時，最好將每張表格放在不同的工作表，而且在設定範圍時，要讓範圍擴張到非常下面的列比較好。

將舊商品編號轉換成新商品編號

舊編號轉換成新編號、舊款式名稱轉換成新款式名稱這種需要「將○○轉換成▲▲」的情況，VLOOKUP 函數也能充分發揮效果。下面的範例會於「商品編號轉換表」找出「舊商品編號」，再回傳「新商品編號」，藉此讓舊商品編號轉換成新商品編號。語法與前文介紹的相同。

	A	B	C	D	E
1	訂單一覽表				
2	No.	舊商品編號	訂購數量	新商品編號	
3	1	1001	60	SX-500	
4	2	1002	77	SX-510	
5	3	1003	53	AZ-105	
6	4	1004	89	AZ-106	
7					
8		商品編號轉換表			
9		舊商品編號	新商品編號		
10		1001	SX-500		
11		1002	SX-510		
12		1003	AZ-105		
13		1004	AZ-106		
14		1005	CV-250		
15		1006	AZ-107		
16					

公式 =VLOOKUP(B3,$B$10:$C$15,2,FALSE)

做出易讀、有美感的圖表

20. 製作方便瀏覽的表格

製作容易瀏覽的表格

要將好不容易輸入完成的資料交給別人時，記得先編排成容易閱讀的格式。首先為大家講解製作表格的幾項重點。

自動調整欄寬

製作表格的時候，有時會看到儲存格的值變成「###」。這是儲存格的欄寬太窄，導致無法完整顯示資料或計算結果才會顯示的符號，此時可以自動調整儲存格寬度，或是顯示成「1.2E+04」這類含有「E」的指數。要注意的是，若是手動調整儲存格的欄寬，只要在該儲存格輸入太長的資料，欄寬就不會自動調整，也只會顯示「###」。

Excel 的自動調整功能可快速將欄位調整至最佳寬度。

自動調整多個欄位的寬度

需要同時調整多個欄位時，可先選取對應的欄位，再於某欄的右端雙擊滑鼠即可。列高也能以相同的方式調整。

縮小後顯示全部

　　若是右側的儲存格輸入了資料，字串就會受儲存格的寬度受限，無法完整顯示（如果右側是空白的儲存格，文字就會超出儲存格）。此時可在「設定儲存格格式」對話框的「對齊方式」索引標籤勾選「縮小字型以適合欄寬」，就能保持儲存格的欄寬與列高，還能顯示所有的文字。

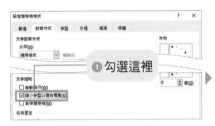

❶ 勾選這裡

	A	B	C	D
1	前季與本季業績	單位：元		
2		4月	5月	6月
3	本季營業額	7,038	8,055	7,514
4	前季營業額	7,671	8,538	7,438
5				
6		❷ 自動調整好了		
7				

調整標題以外的欄位寬度

　　假設標題的文字太長，欄寬就會根據標題的長度調整。如果要調整標題以外的欄位寬度，可先選擇儲存格範圍，再依序點選選單列的「常用」→「格式」→「自動調整欄寬」。快速鍵為 Alt → H → O → I 。

❶ 選取範圍

❷ 依序按下 Alt → H → O → I 鍵

❸ 自動調整好了

設定框線的祕訣① 　依照內→外、細→粗的順序

大部分的表格都只以細框線為主，再以粗框線區分標題與項目，或是用來設定大外框。不過，若是一開頭就在表格外側套用粗框線，再於表格內側設定框線，粗框線就會被覆蓋，所以依照由內而外，由細而粗的順序設定框線才比較有效率。

	A	B 咖啡	C 可樂	D 汽水	E 紅茶	F 綠茶	G 總計
3	(株)Travis	937,200	484,440	317,715	644,280	319,275	2,702,910
4	(株)三協土木	346,840	54,180		144,130	393,420	938,570
5	(株)西藏商事	65,780					65,780
6	(株)東榮社	119,600		52,920	203,770		376,290
7	(有)吉元住宅	59,800	104,490		164,010		328,300
8	東馬(有)	173,420	42,570		218,680		434,670
9	光電舍(株)	502,320	116,100	45,360	462,210		1,125,990
10	總計	2,204,960	801,780	415,995	1,837,080	712,695	5,972,510

先設定外框或項目名稱的框線。

	A	B 咖啡	C 可樂	D 汽水	E 紅茶	F 綠茶	G 總計
3	(株)Travis	937,200	484,440	317,715	644,280	319,275	2,702,910
4	(株)三協土木	346,840	54,180		144,130	393,420	938,570
5	(株)西藏商事	65,780					65,780
6	(株)東榮社	119,600		52,920	203,770		376,290
7	(有)吉元住宅	59,800	104,490		164,010		328,300
8	東馬(有)	173,420	42,570		218,680		434,670
9	光電舍(株)	502,320	116,100	45,360	462,210		1,125,990
10	總計	2,204,960	801,780	415,995	1,837,080	712,695	5,972,510

接著選取內側的儲存格（範例選取的是儲存格B3~G10）套用細框線。結果粗框線就被覆寫了。

	A	B 咖啡	C 可樂	D 汽水	E 紅茶	F 綠茶	G 總計
3	(株)Travis	937,200	484,440	317,715	644,280	319,275	2,702,910
4	(株)三協土木	346,840	54,180		144,130	393,420	938,570
5	(株)西藏商事	65,780					65,780
6	(株)東榮社	119,600		52,920	203,770		376,290
7	(有)吉元住宅	59,800	104,490		164,010		328,300
8	東馬(有)	173,420	42,570		218,680		434,670
9	光電舍(株)	502,320	116,100	45,360	462,210		1,125,990
10	總計	2,204,960	801,780	415,995	1,837,080	712,695	5,972,510

為了避免這個情況發生，要依照內側的細框線→外側的粗框線的順序設定框線。

 小提醒

選取要套用框線的範圍，再點選選單列的「常用」→田 右側的 ∨→田，就能設定粗外框。

設定框線的祕訣② 　格式最後再設定

置換列與欄的位置，或是移動儲存格，框線的設定也會跟著移動，表格因框線也會因此變得亂七八糟。為了避免一直重新設定，框線要在最後再設定。

 小提醒

以「選擇性貼上」的「值」或「公式」複製貼上儲存格，就能排除框線或格式的設定。

列欄的移動方法① 利用滑鼠右鍵的選單

「到底該怎麼移動列與欄呢？」或許大家也想過這個問題。移動列與欄的方法總共有 2 種。

1. 選取整欄（或整列）再按下滑鼠右鍵
2. 從選單點選「剪下」
3. 選取目的地的右欄（或下列），再按下滑鼠右鍵
4. 從選單點選「插入剪下的儲存格」

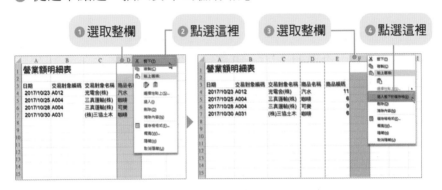

列欄的移動方法② 拖曳移動

1. 選取整欄（或整列）
2. 將滑鼠游標（會變成十字箭頭）移動到欄（或列）編號的邊線
3. 按住 Shift 鍵，將選取的整欄（或整列）拖曳至目的地

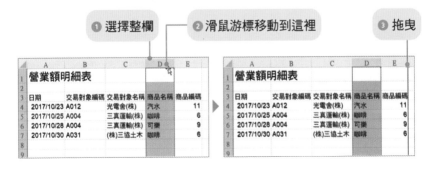

175

變更框線

　　框線可從「設定儲存格格式」視窗直接設定。如果要調整整張表格的框線，可使用選單列的「常用」的框線按鈕。這個按鈕可讓我們選擇虛線或粗線，也能隨意設定框線的位置，所以讓我們試著將表格設定成容易閱讀的樣式吧。

1 選取整張表格
2 按下滑鼠右鍵，點選「儲存格格式」
　＊也可以按下 Ctrl + 1
3 點選「框線」索引標籤，在「樣式」選擇虛線
4 只設定中央與下方的水平框線再點選「確定」
5 表格的中央與下方套用框線了

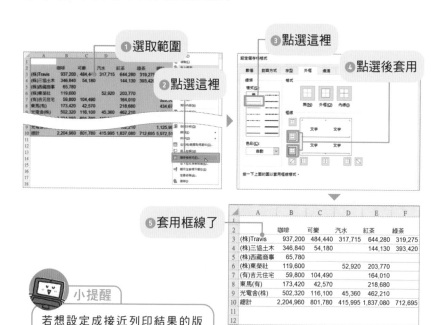

1 選取範圍
2 點選這裡
3 點選這裡
4 點選後套用
5 套用框線了

	A	B	C	D	E	F
1						
2		咖啡	可樂	汽水	紅茶	綠茶
3	(株)Travis	937,200	484,440	317,715	644,280	319,275
4	(株)三協土木	346,840	54,180		144,130	393,420
5	(株)西藏商事	65,780				
6	(株)東榮社	119,600		52,920	203,770	
7	(有)吉元住宅	59,800	104,490		164,010	
8	東馬(有)	173,420	42,570		218,680	
9	光電舍(株)	502,320	116,100	45,360	462,210	
10	總計	2,204,960	801,780	415,995	1,837,080	712,695
11						
12						

小提醒
若想設定成接近列印結果的版面，可取消選單列的「檢視」→「格線」。

增加列高，設定更多空白的話，表格會變得更容易閱讀。

利用「條件式格式」強調特定值的儲存格

想「強調營業額超過目標的儲存格」或「強調考試分數介於 80～100 分的儲存格」的時候，可使用「條件式格式」這項在符合條件的儲存格套用顏色或格式的功能，如此一來，就能在塞滿資料的表格中，快速找到特定的儲存格。

① 只選擇要設定條件的儲存格

② 點選選單列的「常用」→「條件式格式設定」按鈕→「醒目提示儲存格規則」→「小於」

③ 在左側的欄位輸入「100%」再點選「確定」

④ 符合條件的儲存格會標記顏色

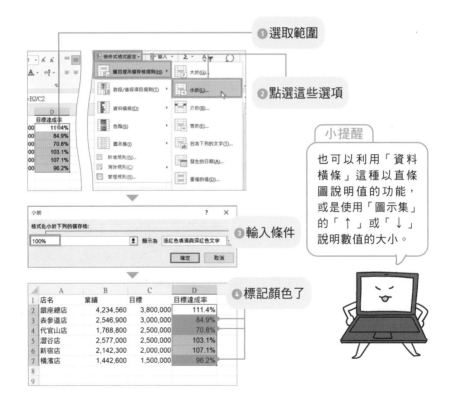

❶ 選取範圍

❷ 點選這些選項

❸ 輸入條件

❹ 標記顏色了

小提醒

也可以利用「資料橫條」這種以直條圖說明值的功能，或是使用「圖示集」的「↑」或「↓」說明數值的大小。

替符合條件的列標記顏色

　　除了儲存格，若能替符合條件的整列標記顏色，表格將更加清楚。要設定這種條件式格式，必須點選「新增規則」，再以公式設定條件。這次的範例要將目標達成率大於等於 100% 的列變更為綠色。

① 點選要設定格式的儲存格範圍

② 依序點選選單列的「常用」→「條件式格式設定」→「新增規則」

③ 點選「使用公式來決定要格式化哪些儲存格」

④ 在下半部的輸入欄位輸入公式。這次輸入的是「=$D2>=100%」。

　　＊指定用於條件判斷的欄位（範例是 D 欄）的第一列

⑤ 點選「格式」

⑥ 點選「填滿」索引標籤，再指定綠色。點選「確定」→「確定」

⑦ 符合條件的列都會變色

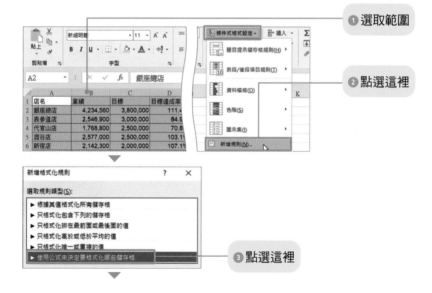

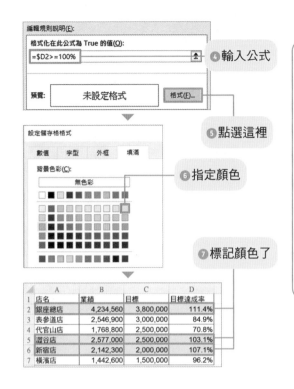

④輸入公式

⑤點選這裡

⑥指定顏色

⑦標記顏色了

「條件式格式」也可在這種情況使用

條件式格式的條件不只是數值，還能以「符合此字串的儲存格或列」標記顏色。

只想強調狀態為「測試完畢」的商品的列。

在「條件式格式」輸入畫面之中的公式。這次的儲存格範圍是從儲存格A3選取至儲存格D6。

21. 透過圖表提升「溝通力」

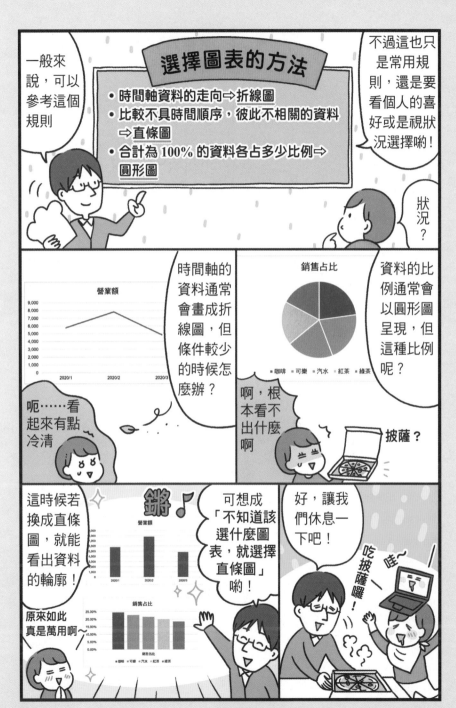

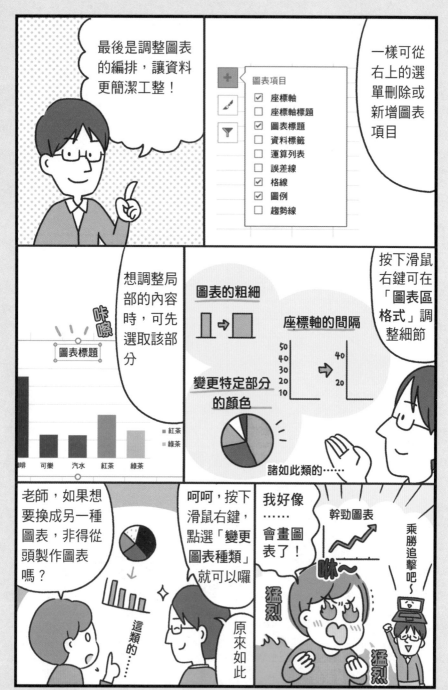

製作淺顯易懂的圖表

接著說明繪製圖表的重點。或許大家會覺得很難，但其實 Excel 都會推薦圖表，所以其實比想像中的簡單。

其實很簡單！ 繪製圖表的方法

1. 選取要繪製成圖表的資料
2. 點選選單列的「插入」→「建議圖表」按鈕
3. 選擇喜歡的圖表，再按下「確定」
4. 自動新增圖表了

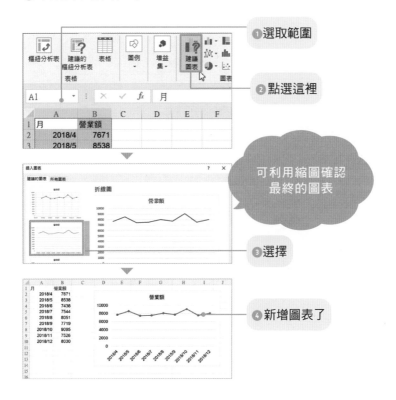

分別對應各種資料的建議圖表

- 想了解具有時間順序的資料如何變化時：折線圖

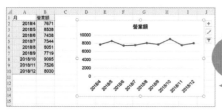

含有資料標記的折線圖

想觀察某個項目「從2000年至2020年」或「從1月至12月」的變化時，可使用折線圖。

- 要比較不具時間順序的多個項目時：直條圖

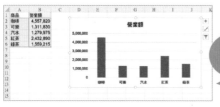

群組直條圖

要量化比較「每種商品的營業額」或「每位員工的訂單數量」等比較多個項目時，可使用直條圖。

- 想了解合計為 100% 的各項目比例時：圓形圖

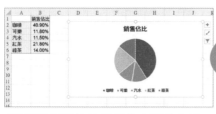

圓形圖

想了解「各商品於總銷售金額的占比」或「男女參加活動的比例」等各種項目於整體的占比時，可使用圓形圖。

選取資料範圍的方法

選取資料時，可以沿著垂直或水平方向選取，而且按住 Ctrl 鍵再選取不相連的資料，一樣能建立圖表。

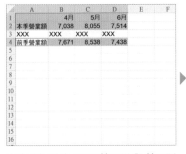 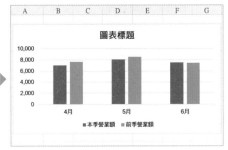

這個範例先選取第1列與第2列的資料，接著按住 Ctrl 鍵選取第4列的資料。

建立對應的圖表了。

自動套用項目名稱與圖例

選取資料範圍時，可連同項目名稱一併選取。這些項目名稱會在圖表的座標軸或圖例自動套用，為我們省去手動輸入的麻煩。

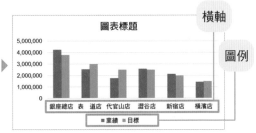

連表格的項目名稱都選取再繪製圖表。

圖表的橫軸與圖例都套用了剛剛選取的項目名稱。

圖表的標題可在點選後修改，或是直接連結表格的標題。點選「圖表標題」後，在上方的資料編輯列輸入「＝」，再輸入表格標題的儲存格，之後只要修正表格的標題，圖表的標題也會跟著修正。

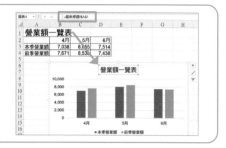

繪製特殊的圖表

如果想繪製「建議圖表」沒有的圖表，可從「所有圖表」尋找需要的圖表。

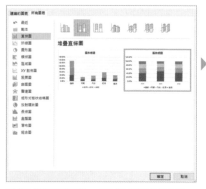

點選「建議圖表」，再從「所有圖表」索引標籤尋找需要的圖表。

「百分比堆疊直條圖」可看出每個項目於時間的變化以及比例。

若要將兩種以上的資料畫成一張圖表，可將圖表的種類設定為「組合圖」，如此一來就能將折線圖與直條圖合成同一張圖表。

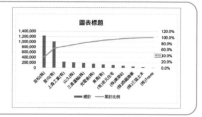

調整圖表的色調

圖表的顏色若是太多，看起來會很煩雜，此時可利用主題顏色調整圖表的色調。雖然每個人的喜好不同，但減少顏色的種類或是使用同色系的顏色，會讓圖表看起來清爽許多。

1 點選圖表

2 點選右側的 ✎

3 點選「色彩」

4 點選點選需要的主題色

5 圖表的色調將跟著調整

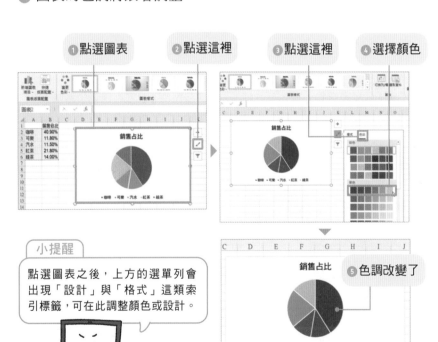

① 點選圖表　② 點選這裡　③ 點選這裡　④ 選擇顏色

⑤ 色調改變了

小提醒

點選圖表之後，上方的選單列會出現「設計」與「格式」這類索引標籤，可在此調整顏色或設計。

自訂圖表內容① 追加圖表項目

點選圖表之後，可從右上角的 ⊞ 設定哪些圖表項目要顯示或隱藏。資料標籤、圖例這類項目還可以設定位置。讓我們試著設定這些項目，讓圖表變得更容易閱讀吧。

此外，點選選單列的「設計」的「新增圖表項目」也能設定相同的項目。

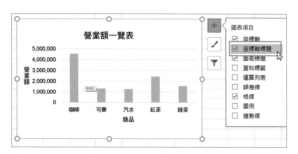

新增「座標軸標題」，再於直軸標題輸入「營業額」以及在橫軸標題輸入「商品」（文字的方向可在後文介紹的「座標軸格式設定」調整）。

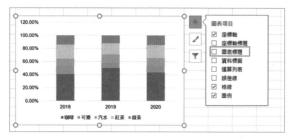

若是不小心刪除圖表項目，還是可以透過這個方法找回來。

 小提醒

設定「資料標籤」這個圖表項目之後，會比較容易找到需要的數字，此時便可以隱藏多餘的元素。右圖在點選 ⊞ 的「資料標籤」之後，點選「終點外側」，也從「座標軸」取消了「主垂直」選項，同時還選取了「格線」與「座標軸標題」。

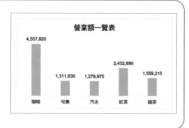

自訂圖表內容② 變更格式設定

選取圖表項目，再按下滑鼠右鍵，點選「○○格式」，就能進一步設定文字的方向、座標軸的上下限。這範例要將直軸的最大值設定為「100%」，再將單位修正為「20%」。

1. 點選直軸再按下滑鼠右鍵
2. 點選「座標軸選項」
3. 點選 📊
4. 點選「座標軸選項」，並在「最大值」輸入「1.0」，再於「主要」輸入「0.2」，接著按下 Enter 鍵
5. 座標軸的值變更了

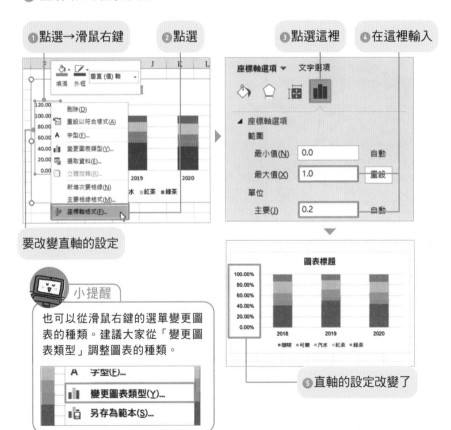

① 點選→滑鼠右鍵　② 點選　③ 點選這裡　④ 在這裡輸入

要改變直軸的設定

小提醒

也可以從滑鼠右鍵的選單變更圖表的種類。建議大家從「變更圖表類型」調整圖表的種類。

A 字型(F)...
變更圖表類型(Y)...
另存為範本(S)...

⑤ 直軸的設定改變了

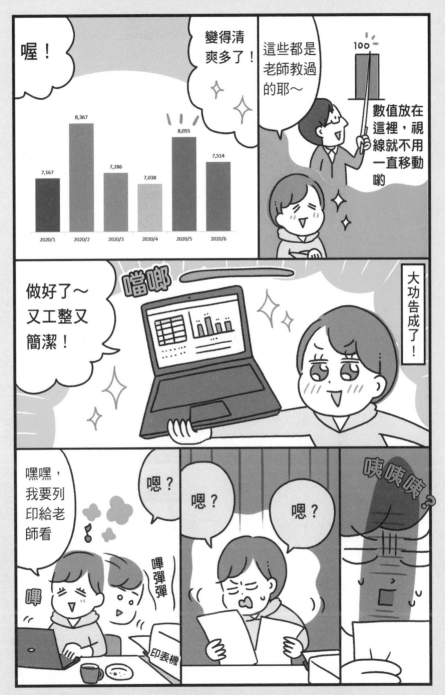

零失敗列印法

22. 利用預覽功能，杜絕失誤

印出與畫面相同的結果

　　有時候就是沒辦法印出畫面上的結果。在浪費紙張之前，讓我們先解決這類問題吧。

列印之前，一定要先預覽

　　開會的時候，偶爾會有人在看到Excel的資料之後，提出「文字被切掉了」、「圖形的位置不對」的問題，大家應該也都遇過這類情況吧。雖然很有可能是自己不小心，但 Excel 的確有印出來的結果與畫面上的資料有出入的問題，所以在列印之前，**請先利用「整頁模式」確認列印結果，再視情況修正資料。**

點選選單列的「檢視」→「整頁模式」。

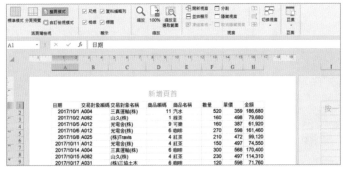

確認列印結果之後，可點選「標準模式」恢復原本的狀況。

利用預覽功能確認列印畫面

　　除了整頁模式之外，點選選單列的「檔案」，再點選「列印」，也能確認預覽結果。可確認列印份數、各頁的列印內容，快速掌握列印結果。

點選選單的「檔案」→「列印」。

列印畫面開啟後，會顯示預覽畫面，可從中確認每一頁的列印結果。

文字被截斷的解決方案

　　就算在標準模式看起來沒問題，但一列印還是有可能會出現最後一個文字被截斷的情況。這通常是因為手動設定欄寬，導致欄位邊界過於貼進文字或數字所發生的問題。建議大家多使用自動調整欄寬的功能，調出適當的欄寬。此外，如果調整了欄寬，文字還是被截斷，就手動加大欄寬吧！

放大列印範圍，讓內容限縮在一頁之內

「分頁預覽」可確認單頁的列印範圍與列印的頁數，而且調整列印的範圍就能避免「第 2 頁只印了 1 列資料」的問題。

① 點選選單列的「檢視」→「分頁預覽」
② 將滑鼠游標移動到頁面的分割線（虛線）再拖曳
③ 列印範圍改變了

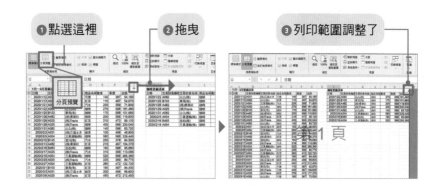

① 點選這裡　　② 拖曳　　③ 列印範圍調整了

縮小列印範圍

切換成分頁預覽模式後，列印範圍會以藍色實線標示。利用滑鼠拖曳調整這條線的位置，就能縮小列印範圍。

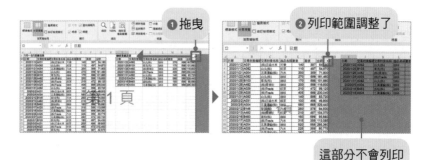

① 拖曳　　② 列印範圍調整了

這部分不會列印

縮放之後再列印

使用選單列的「版面設定」的「配合調整大小」功能，就能快速調整列印範圍。

❶ 點選選單列的「版面設定」

❷ 在「配合調整大小」功能區將「寬度」與「高度」設定為「1頁」

❸ 列印範圍就會限縮於一頁

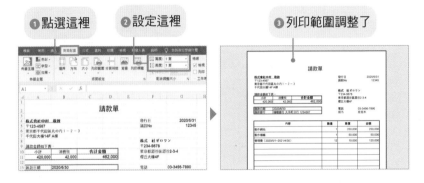

列印縱長的資料

資料筆數一多，整體就會變得縱長，此時若硬要縮成一頁，上下的邊界就會縮得很小，右側也會出現多餘的空白。若遇到這個問題，建議在「配合調整大小」功能區裡，將「寬度」設定為「1頁」，再將高度設定為「自動」，之後的每一頁都能以正確的大小列印。

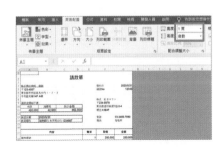

小提醒

邊界可從版面設定的邊界設定。

23. 提高專業度的列印技巧

加入頁首頁尾

在列印資料之前，先透過「版面設定」修飾，就能印出「更臻完美」的資料。

在所有頁面植入標題

列印橫跨多頁的超長表格時，通常從第 2 頁之後就不會重覆列印標題，這也讓看的人不知道每一欄的資料與哪個項目對應。若能在第 2 頁之後也列印標題，就能快速了解各欄的資料。

1️⃣ 點選選單列的「頁面配置」→「列印標題」按鈕

2️⃣ 開啟「版面設定」視窗之後，點選「標題列」的輸入欄位

3️⃣ 點選要植入的標題列

4️⃣ 點選「確定」，就能在第2頁之後的頁面植入標題列

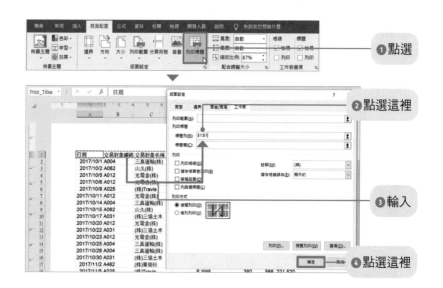

在印刷品上顯示頁首

在列印資料的上下邊界植入日期或檔案名稱，就能一眼看出這份文件來自哪個檔案。上邊界稱為「頁首」，下邊界稱為「頁尾」，而在這兩塊區域植入日期或檔案名稱，每一頁都會自動追加相同的內容。在此先跟大家介紹頁首的設定範例。

1 點選選單列的「頁面配置」→「版面設定」的 🔲
2 點選「版面設定」視窗的「頁首／頁尾」索引標籤
3 點選「頁首」，選擇要顯示的內容
4 點選「確定」，所有頁面的頁首就會顯示剛剛選取的內容

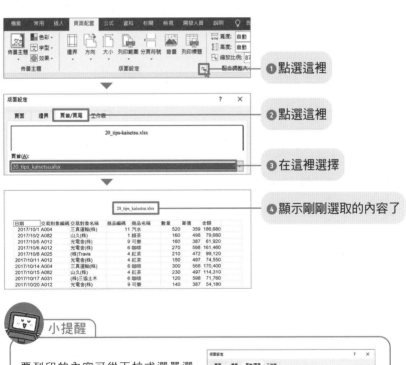

❶點選這裡

❷點選這裡

❸在這裡選擇

❹顯示剛剛選取的內容了

小提醒

要列印的內容可從下拉式選單選取。以逗號間隔的選項會分別植入頁首的左側、中央與右側。

在印刷品上顯示頁尾

若能在頁尾植入頁碼，就能一眼看出是第幾頁，頁數較多的資料也不會搞錯順序。頁尾可在設定頁首的畫面設定。

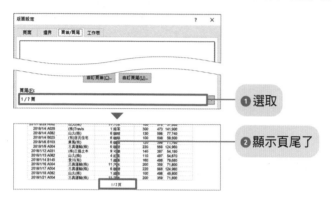

❶ 選取

❷ 顯示頁尾了

自訂頁首與頁尾

可於頁首或頁尾顯示的項目有很多之外，也能調整這些項目的位置。

讓我們試著在頁首的右端顯示日期吧。

❶ 開啟「版面設定」畫面，點選「頁首／頁尾」索引標籤的「自訂頁首」按鈕

❷ 點選「右」的輸入欄位，再點選 🔲 「日期」按鈕

❸ 點選「確定」→「確定」，即可在資料的右上角顯示日期

❶ 點選這裡

❷ 點選這裡

					2021/7/31	

交易對象名稱	商品編碼	商品名稱	數量	單價	金額	
三真運輸(株)	11	汽水	520	359	186,680	
山久(株)	1	綠茶	160	498	79,680	
光電舍(株)	9	可樂	160	387	61,920	
光電舍(株)	6	咖啡	270	598	161,460	 ❸ 顯示日期了
(株)Travis	4	紅茶	210	472	99,120	
光電舍(株)	4	紅茶	150	497	74,550	
三真運輸(株)	6	咖啡	300	568	170,400	

小提醒

點選「左」、「中」、「右」的輸入欄位,也可以直接輸入要顯示的內容。
此外,點選選單列的「插入」→「頁首與頁尾」按鈕,可開啟「頁面配
置」,一邊確認列印結果,一邊編輯頁首與頁尾。

放大表格再列印

　　Excel 無法自動放大塞進一頁的資料,只能以畫面上的尺寸
列印。若想放大資料再列印必須手動調整縮放比例,也可在「頁
面配置」的「縮放比例」畫面設定。

❶ 在這裡設定

❷ 確認

部門・姓名	業績
東京業務部	
山田太郎	536,708
木村花子	640,998
田中健一	735,812
大阪業務部	
山村綾乃	491,874
岸谷慎吾	844,966
渡邊明	374,859

從選單列的「頁面配置」的「縮放
比例」設定放大倍率。此時「寬度」
與「高度」將設定為「自動」。設定
完成後,可在列印預覽畫面確認列
印的尺寸。

小提醒

也可以放大字型,不放大資
料的倍率。

24. 不想被發現的資料就「隱藏」

如何隱藏部分資料？

想在列印工作表的時候隱藏多餘的資料，或是表格太長，不想全部都列印的時候，不要只是縮小儲存格，而是要隱藏。

如何隱藏資料再列印？

如果打算在列印工作表的時候隱藏多餘的資料，卻只是將儲存格的寬度縮到極限，資料還是有可能會被擷取，因為這麼做只能讓資料在螢幕上消失而已。

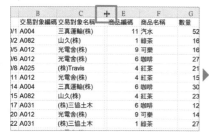

縮小儲存格寬度，再轉存為PDF。

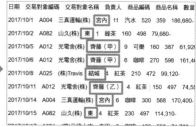

複製PDF的檔案再貼入Word或記事本，就能擷取隱藏的資料。

方案① 移出列印範圍之外

假設多餘的資料位於表格的邊緣，可透過拖曳的方法，在分頁預覽模式之中，將多餘的資料移到列印範圍之外。

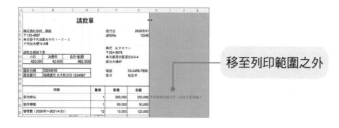

移至列印範圍之外

方案② 隱藏多餘的列或欄

❶ 選取要隱藏的列或欄

❷ 按下滑鼠右鍵，從選單點選「隱藏」

❸ 整列或整欄隱藏後，就不會匯出至PDF檔案，也不會被列印出來

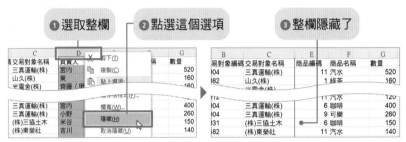

❶ 選取整欄　❷ 點選這個選項　❸ 整欄隱藏了

 小提醒

若想重新顯示隱藏的列或欄，可選取該列或該欄的前後列或前後欄（以上圖為例，就是選取C欄～E欄），再按下滑鼠右鍵，選擇「取消隱藏」。

群組化再隱藏

假設群組化想隱藏的列或欄，就能以「－」或「＋」按鈕快速切換顯示狀態。

❶ 選取要隱藏的列或欄，再點選選單列的「資料」→「大綱」→「組成群組」按鈕

❷ 點選「－」可隱藏資料，點選「＋」可取消隱藏。

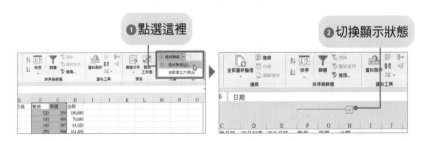

❶ 點選這裡　❷ 切換顯示狀態

不擅長 Excel 的窘境

忘記自己是
隱藏資料的犯人，
超焦慮的啊

怎麼一直找不
到那些資料啊

沒有……
沒有……

不斷複習，
把技巧內化成實力

25. 確認是否真的學會了

解題祕訣

請大家一邊回想到目前為止學過的東西，一邊試著解題吧。如果實在想不出來，可參考範例檔的「提示」工作表。

瀏覽範例檔的「提示」工作表的方法

想不出答案時，或是遇到本書沒完全說明的題目時，**可參考「提示」工作表**，裡面有步驟與圖片的說明。

解題之後，請以「解答」工作表對答案。

範例檔的解法僅供參考，可試著以不同的方式解題。

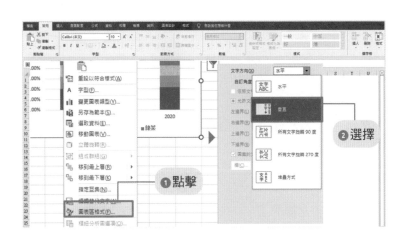

小提醒

解題時，可從複製工作表開始。如果想不出解題的方法，請回頭複習每天的課程。

結語　讓工作效率翻倍的文書處理術

翻轉學　翻轉學系列 093

【漫畫圖解】上班族必學 Excel 文書處理術
七天輕鬆學會製作表格、數據、視覺化圖表，工作效率倍增，無形提升競爭力

監　　　　　修	羽毛田睦土	
繪　　　　　者	Akiba Sayaka	
編　　　　　者	LibroWorks	
譯　　　　　者	許郁文	
封　面　設　計	張天薪	
內　文　排　版	黃雅芬	
責　任　編　輯	袁于善	
特　約　編　輯	陳建隆	
行　銷　企　劃	陳豫萱・陳可錞	
出版二部總編輯	林俊安	

出　　版　　者	采實文化事業股份有限公司
業　務　發　行	張世明・林踏欣・林坤蓉・王貞玉
國　際　版　權	鄒欣穎・施維真
印　務　採　購	曾玉霞
會　計　行　政	李韶婉・簡佩鈺・謝佩慈
法　律　顧　問	第一國際法律事務所　余淑杏律師
電　子　信　箱	acme@acmebook.com.tw
采　實　官　網	www.acmebook.com.tw
采　實　臉　書	www.facebook.com/acmebook01

I　S　B　N	978-986-507-949-9
定　　　　價	380 元
初　版　一　刷	2022 年 9 月
劃　撥　帳　號	50148859
劃　撥　戶　名	采實文化事業股份有限公司
	104 台北市中山區南京東路二段 95 號 9 樓
	電話：(02)2511-9798　傳真：(02)2571-3298

國家圖書館出版品預行編目資料

【漫畫圖解】上班族必學Excel 文書處理術：七天輕鬆學會製作表格、數據、視
覺化圖表，工作效率倍增，無形提升競爭力/ 羽毛田睦土監修；Akiba Sayaka 繪；
LibroWorks 編著；許郁文譯. – 台北市：采實文化，2022.9
224 面；14.8×21 公分 . --（翻轉學系列；93）
譯自：マンガでわかる Excel
ISBN 978-986-507-949-9（平裝）
1.CST: EXCEL(電腦程式) 2.CST: 漫畫
312.49E9　　　　　　　　　　　　　　　　　111011915

MANGA DE WAKARU EXCEL
© Sayaka Akiba, LibroWorks.inc 2020
First published in Japan in 2020 by KADOKAWA CORPORATION, Tokyo.
Traditional Chinese translation rights arranged with KADOKAWA
CORPORATION, Tokyo
through Japan Creative Agency Inc.

Traditional Chinese edition copyright © 2022 by ACME Publishing Co., Ltd.
All rights reserved.